基础医学实验系列

EXPERIMENTAL TECHNIQUES COURSE
OF BIOCHEMISTRY AND MOLECULAR BIOLOGY

生物化学与分子生物学实验技术教程

主　编　龙子江　宋　睿

副主编　王　靓　洪星辉

编　委（以姓氏笔画为序）

王　浩　王　靓　王舒舒　龙子江
吕　磊　江传玮　宋　睿　张新芳
张道芹　邹莹莹　俞丽华　洪星辉
徐志庆　高华武　鲍　鑫

中国科学技术大学出版社

内 容 简 介

本书结合现代医药学操作技术研究发展的要求，以培养医药学专业学生医用化学和生物化学与分子生物学方面实验操作技能为目的。全书共分为2篇。第一篇共9章，主要介绍生物化学和分子生物学实验的基本理论，包括生物大分子物质的制备技术、分光光度技术、电泳技术、离心技术、层析技术、核酸的分离纯化技术等，系统扼要地介绍了现代生物化学和分子生物学技术的精华。第二篇主要介绍与技术相关的医用化学实验、生物化学和分子生物学实验，一共19个。通过教师讲授和实际操作，学生将受到系统的生物化学和分子生物学实验方法和技术的训练，能够获得生物化学和分子生物学基本实验技术的理论和系统、新颖、实用的实验技能，为将来从事科学研究奠定基础。

本书适合医药院校本科和专科医学专业和药学专业的学生学习使用。

图书在版编目(CIP)数据

生物化学与分子生物学实验技术教程/龙子江，宋睿主编.—合肥：中国科学技术大学出版社，2020.1(2024.1重印)
ISBN 978-7-312-04825-8

Ⅰ.生… Ⅱ.①龙… ②宋… Ⅲ.①生物化学—实验—医学院校—教材 ②分子生物学—实验—医学院校—教材 Ⅳ.①Q5-33 ②Q7-33

中国版本图书馆CIP数据核字(2019)第283787号

出版 中国科学技术大学出版社
安徽省合肥市金寨路96号，230026
http://press.ustc.edu.cn
https://zgkxjsdxcbs.tmall.com
印刷 合肥市宏基印刷有限公司
发行 中国科学技术大学出版社
经销 全国新华书店
开本 710 mm×1000 mm 1/16
印张 11.25
字数 221千
版次 2020年1月第1版
印次 2024年1月第4次印刷
定价 30.00元

前　　言

传统教学重理论轻实验，实验课仅仅是理论课的附属品，教材建设方面也是重理论而轻实验，以简单、够用为度，难以自成体系。随着教育改革的发展，实验教学的地位明显提高，实验课逐渐形成一门独立、完整的课程，实验内容紧密结合各学科的发展和实验手段的改进，实验课技术含量不断增加，减少验证性实验，增加综合性实验和创新性实验，培养学生的创新意识和能力，为社会培养新型实用性人才。实验技术既是生物化学与分子生物学学科形成和发展的基础，也是该学科完整体系的重要组成部分。理论体系和实验体系应相辅相成，同等重要。为了顺应生物化学与分子生物学学科的发展，我们以原生物化学实验教材为基础，结合现代技术和学科发展的需要，编写了本书。

本书既可自成体系，凸显实验教学的地位，也可与理论教材配套使用。

本书以大学本科医学专业及药学专业的学生为主要读者群，结合安徽中医药大学“生物化学与分子生物学”课程和人才培养大纲进行编写，对学习生物化学与分子生物学和医用化学的知识有指导意义。全书共分为2篇。第一篇共9章，主要介绍生物化学和分子生物学实验的基本理论，包括生物大分子物质的制备技术、分光光度技术、电泳技术、离心技术、层析技术、核酸的分离纯化技术等，系统扼要地介绍了现代生物化学和分子生物学技术的精华。第二篇主要介绍与技术相关的医用化学实验、生物化学和分子生物学实验，一共19个。通过教师讲授和实际操作，学生将受到系统的生物化学和分子生物学实验方法和技术的训练，能够获得生物化学和分子生物学基本实验技术的理论和系统、新颖、实用的实验技能，为将来从事科学研究奠定基础。

由于本书涉及的知识面广，编写人员的水平有限，在编写过程中难免存在不妥之处，敬请广大读者批评指正。

编　者

2019年12月

目　　录

第二篇 生物化学与分子生物学实验

第一篇　生物化学与分子生物学实验基础知识

第一章　实验室管理——实验达到最佳效果的前提

生物化学与分子生物学实验技术是一门指导学生熟悉实验操作过程、掌握科学探索方法、验证基本理论的重要课程。重在培养学生的动手能力、思维创新能力和团队协作能力，为其今后的医学、药学实践打好基础。实验室是学生进行技能训练的重要场所。实验室除了必备的实验设备、实验材料和实验教师外，还必须具备良好的实验环境和较为完善的安全设施、应急预案，以确保实验结果的质量和实验室安全运行。

第一节　实验室规则

一、实验室环境保护及安全管理制度

（1）在实验过程中，要保持实验室的肃静，不要大声喧哗。

（2）要爱护实验仪器，尽量避免破损，节约使用实验试剂、水和电。若不慎损坏了实验仪器，须及时填写仪器破损单，注明破损原因，经指导教师同意后，方可换领，并按学院的规定进行赔偿和处理。

（3）保护实验台，不要将高温物品直接放在台面上，切勿将强酸、强碱等洒在台面上。

（4）在实验过程中，从试剂瓶中取完试剂后应及时将瓶盖盖好，放回原处，禁止乱扔乱放。切不可将取出的试剂放回到试剂瓶中。

（5）废弃的液体和固体物须按要求倒入规定的废液（物）缸内。实验动物尸体要按要求放在指定的地方。

（6）实验结束后，实验仪器应根据不同用途分类存放，定位入柜，存放整齐，做好防尘、防潮、避光等工作。对于贵重仪器和易燃、易爆、剧毒药品须设置专用柜，双人双管，防止发生意外事故。

(7) 实验室仪器、药品等未经领导批准一律不得外借。平时仪器的保管、保养及维修工作,要做到保管与保养结合,使仪器经常保持良好的使用状态,以延长其使用寿命。

(8) 在整个实验过程中,要保持实验台面整洁;实验完毕后,要清理实验台,打扫实验室,检查完电、火、水后再离开实验室。

二、实验操作要求

(1) 实验前应针对实验内容结合相关理论进行预习。

(2) 应在课前10 min到达实验室,并登记验证。

(3) 要认真倾听实验室老师对实验过程的讲解,如有不懂或不清楚的地方要及时与老师沟通。

(4) 实验中应严格按照实验步骤进行,认真观察并记录实验结果。

(5) 实验结束后,要认真总结分析实验结果,并结合理论知识进行解释。

(6) 实验结束后,要安排人员打扫卫生,将实验过程中的废弃物倾倒在指定地点,不能随意丢弃。

(7) 要结合实验结果认真撰写实验报告,对实验过程中出现的问题要进行仔细分析,查明原因,必要时要重新进行实验。

第二节 实验用品的清洗

一、玻璃仪器的清洗

实验中所用的玻璃仪器的清洁与否,会直接影响实验结果,仪器不清洁或被污染会造成较大的实验误差,有时甚至会导致实验的失败。生物化学和分子生物学实验对玻璃仪器清洁程度的要求,比一般化学实验的要求更高。这是因为:① 生物化学和分子生物学实验中,蛋白质、酶、核酸等往往都是以“mg”和“μg”计的,稍有杂质,影响就很大。② 生物化学和分子生物学实验对许多常见的污染杂质十分敏感,如金属离子(钙离子、镁离子等)、去污剂和有机物残基等,因此玻璃仪器(包括离心管等塑料器皿)彻底清洗干净就显得非常重要。

1. 新的玻璃仪器的清洗

新购买的玻璃仪器表面常附着有游离的碱性物质,可先用0.5%的去污剂洗刷，再用自来水洗净，然后浸泡在 1%～25% HCl 溶液中过夜（不可少于 4 h），再用自来水冲洗，最后用无离子水冲洗 2 次，在 100～120 ℃烘箱内烘干备用。

2. 使用过的玻璃仪器的清洗

先用自来水洗刷玻璃仪器至无污物，然后用合适的毛刷沾上去污剂（粉）洗刷，或浸泡在 0.5%的清洗剂中使用超声清洗（比色皿绝不可使用超声清洗），然后用自来水彻底洗净去污剂，再用双蒸水洗两次，烘干备用（计量仪器不可烘干）。清洗后，器皿内外不可挂有水珠，否则要重洗。若重洗后仍挂有水珠，则需用洗液浸泡数小时后（或用去污粉擦洗）再重新清洗。

3. 石英和玻璃比色皿的清洗

石英和玻璃比色皿不可用强碱清洗，因为强碱会浸蚀抛光的比色皿。只能用洗液或 1%～2%的去污剂浸泡，然后用自来水冲洗，这时使用一支绸布包裹的小棒或棉花球棒刷洗，效果会更好，清洗干净的比色皿也应是内、外壁不挂水珠。

二、塑料器皿的清洗

聚乙烯、聚丙烯等制成的塑料器皿，在生物化学和分子生物学实验中已用的越来越多。第一次使用塑料器皿时，可先用 8 mol/L 尿素（用浓盐酸调 pH＝1）清洗，接着依次用无离子水、1 mol/L KOH 和无离子水清洗，然后用 1.0×10^{-3} mol/L EDTA 除去金属离子的污染，最后用双蒸水彻底清洗，以后每次使用时，可只用 0.5%的去污剂清洗，然后用自来水和双蒸水洗净即可。

三、洗液的配制方法

洗液由浓硫酸、重铬酸钾组成，现已确定铬有致癌作用，因此配制和使用洗液时要极为小心，常用的配制方法有以下两种：

（1）量取 100 mL 工业浓硫酸置于烧杯内，小心加热，然后慢慢加入 5 g 重铬酸钾粉末，边加边搅拌，待全部溶解并缓慢冷却后，贮存于磨口玻璃瓶内。

（2）称取 5 g 重铬酸钾粉末，置于 250 mL 烧杯中，加 5 mL 水使其溶解，然后慢慢加入 100 mL 浓硫酸，溶液温度将达到 80 ℃，待其冷却后贮存于磨口玻璃瓶内。

四、其他洗涤液的使用范围

（1）工业浓盐酸可洗去水垢或某些无机盐沉淀。

（2）5%草酸溶液用数滴硫酸酸化，可洗去高锰酸钾的痕迹。

(3) 5%～10%磷酸三钠($Na_3PO_4 \cdot 12H_2O$)溶液可洗涤油污物。

(4) 30%硝酸溶液洗涤二氧化碳测定仪及微量滴管。

(5) 5%～10%乙二胺四乙酸二钠(EDTA-2Na)溶液加热煮沸可洗脱玻璃仪器内壁的白色沉淀物。

(6) 尿素洗涤液为蛋白质的良好溶剂，适用于洗涤盛过蛋白质制剂及血样的容器。

(7) 有机溶剂如丙酮、乙醚、乙醇等可用于洗脱油脂、脂溶性染料污痕等，二甲苯可洗脱油漆的污垢。

(8) KOH 的乙醇溶液和含有高锰酸钾的 NaOH 溶液是两种强碱性的洗涤液，对玻璃仪器的侵蚀性很强，可清除容器内壁的污垢，洗涤时间不宜过长，使用时应小心谨慎。

五、玻璃和塑料器皿的干燥

生物化学和分子生物学实验中用到的玻璃和塑料器皿经常需要干燥，通常都是在 110～120 ℃的烘箱或烘干机中对其进行干燥，不要用丙酮荡洗后再吹干的方法干燥，因为那样处理会有残留的有机物覆盖在器皿的内表面，从而干扰生物化学反应。

第三节　实验样品的保存

一、血液样品的保存

采集的血液样品如不能及时进行实验，必须做适当的处理，以防止其成分发生变化。通常血清和血浆样品保存于密闭的试管中，于 4 ℃冰箱内或冷冻保存。短时间(48 h)内全血样品应保存于 4 ℃冰箱内，实验时，样品恢复室温之后轻轻地颠倒数次，使血液充分混匀，方可实验。如果样品需要运送，24 h 内能送达实验室的，可保存于 4 ℃保温箱内；24 h 不能抵达实验室的，必须冷冻处理并在低温条件下运输。长时间贮存的应将样品保存于 − 80 ℃冰箱内。

二、尿液样品的保存

尿液中含有多种代谢产物。由于24 h内尿液所含化学物质的量会随着进食、进水、运动等具体情况而有所变动，所以做定量测定时，应收集24 h尿液。根据测定项目的不同，也可定时收集尿液，即一天中某一时间的尿液，如晨起空腹排出的晨尿，或做某种实验性测定时，要在服药后数小时采集尿液。

尿液应倒入有盖的清洁容器内。收集完毕后，立即量出总量并记录，以便计算待测物质在尿液中的含量。临检时，应将尿液摇匀，取适量的尿液测定。收集的尿液如不是立即进行实验，则需要置于阴凉处保存。为防止尿液腐败变质，影响测定结果，必要时可在收集尿液时加入防腐剂，通常每升尿液中约加入5 mL防腐剂。通常测定含氮物质时，用甲苯(5 mL/L尿液)做防腐剂；测定激素的代谢物及无机盐时，宜采用浓盐酸(5 mL/L尿液)做防腐剂。

三、组织样品的保存

离体不久的组织在适宜的温度及pH等条件下，仍可以进行一定程度的物质代谢。因此在生物化学与分子生物学实验中，常用离体组织来研究各种物质代谢的途径与酶系的作用，也可以从组织中分离和提取DNA、RNA、酶及各种代谢物质。所以，处理动物组织使之符合实验要求，是生化实验中的基本技能之一。

动物各种组织器官离体过久都会发生变化，如一些酶在久置后会变性失活。因此利用离体组织进行代谢研究或作为提取材料时，必须迅速取出，尽快提取和测定。宰杀动物并放出血液后，立即取出实验所需的脏器或组织，除去外层脂肪及结缔组织，用冰的生理盐水洗去血液，必要时也可用冰的生理盐水灌注脏器并洗去血液，用滤纸吸干即可。

不同使用目的的标本保存时间有所差别。用于研究实验的标本，在新鲜取材后，先用液氮冷冻，再置于−80 ℃冰箱中保存。依据不同的科研需要确定标本的保存时间。一般用于DNA和RNA提取及其他分子生物学研究的标本，需要将组织切割成直径小于1 cm的组织块，然后保存。有条件的实验室，也可将标本置于液氮中长期保存。用于普通染色观察的标本，以4%的甲醛溶液常温固定，一般可以保存1个月。用于教学的标本，先暴露最显著的病变部位，然后进行固定，可以长期保存。

第四节　常规实验仪器的使用

一、移液器材

准确的分析方法对于生物化学和分子生物学实验是极为重要的，在各种生物化学和分子生物学分析技术中，首先要熟练掌握的就是准确的移液技术。下面列出了一些生物化学和分子生物学实验中常用的移液器具。

1. 滴管

滴管使用方便，可用于半定量移液，其移液量为 1～5 mL，常用 2 mL，可换不同大小的滴头。常用的滴管有橡皮头玻璃滴管（图 1.1.1）和一次性塑料滴管（图 1.1.2）。滴管有长、短两种，新出一种带刻度和缓冲泡的滴管，比普通滴管移液更准确，并可防止液体吸入滴头。

图 1.1.1　橡皮头玻璃滴管

图 1.1.2　一次性塑料滴管

2. 吸管

吸管使用前应清洗至内壁不挂水珠，1 mL 以上的吸管，用吸管专用刷刷洗，0.1 mL、0.2 mL 和 0.5 mL 的吸管可用洗涤剂浸泡，必要时可以用超声清洗器清洗。由于铬酸洗液致癌，应尽量避免使用。若有大批量的吸管需要洗后冲洗，可使用冲洗桶，将吸管尖端向上置于桶内，用自来水多次冲洗后再用蒸馏水或无离子水冲洗。吸管分为以下几种：

（1）胖肚吸管（图 1.1.3）的精确度较高，其相对误差 A 级为 0.7%～0.8%，B 级为 1.5%～1.6%，液体自标线处流至口端（留有残液），A 级需等待 15 s，B 级需等待 3 s。

(2) 分度吸管(图 1.1.4)的管身为一粗细均匀的玻璃管,上面均匀刻有表示容积的分度线,其准确度低于胖肚吸管。分度吸管的准确度等级分为 A 级(0.2%～0.8%)和 B 级(0.4%～1.6%),其中 A 级为较高级,B 级为较低级。A 级、B 级在吸管管身上分别有 A、B 字样,有“快”字则为快流式,有“吹”字则为吹出式,无“吹”字的吸管不可将管尖的残留液吹出。吸、放溶液前要用吸水纸擦拭管尖。

图 1.1.3 胖肚吸管

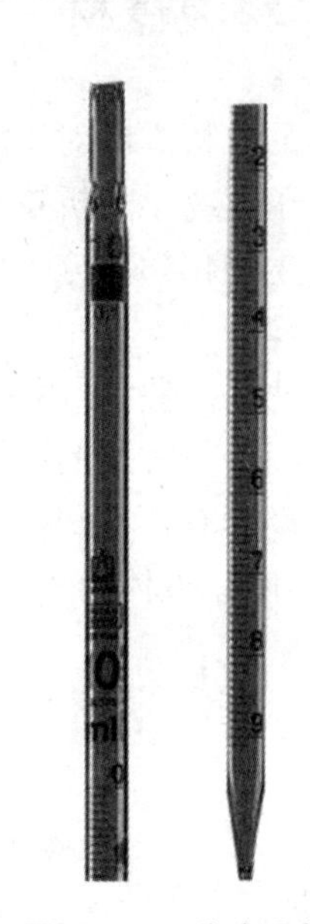

图 1.1.4 分度吸管

(3) 血清吸管的刻度一直刻到管端出口处,由于没有管尖,血清吸管不会残留液体,但需在液体流完后停留 15～20 s,血清吸管常用于吸取血清等黏度大的液体。

(4) 微量 λ 吸管用于 1～500 μL 的移液,用吸水纸蘸出多吸的液体。

(5) 毛细微量吸管用于 1～20 μL 的移液,常用于薄层层析和纸层析的点样。吸管吸取溶液时最常用的是洗耳球。此外,为了便于移液,还可以使用新式的吸液球,球上有 A、B、C 三个玻璃珠阀门,吸液之前,先用拇指和食指按捏 A 阀,用其他手指挤压球体,由 A 阀排气,使球内形成负压,插入吸管吸液时,用拇指和食指按捏 B 阀,将溶液吸至所需刻度,放液时按捏 C 阀,直至溶液流尽。若需吹出管尖残液时,可在按捏 C 阀的同时,用中指挤压 C 阀前面的小球泡,即可吹出管尖残液。还有一种“吸管泵”,使用更加方便,插入吸管后,用拇指转动上部的小轮,即可使圆柱形泵内的柱塞上下移动,将溶液吸入或排出吸管,尤其是在移取 10 mL 以上的溶液时,用“吸管泵”最为方便。

3. 微量移液器

微量移液器(图 1.1.5)在生物化学和分子生物学实验中大量地使用,它们主要用于多次重复的快速定量移液,可以单手操作,十分方便。移液的准确度(即容量误差)为 ±(0.5%～1.5%),移液的精密度(即重复性误差)更小些,不超过 0.5%。

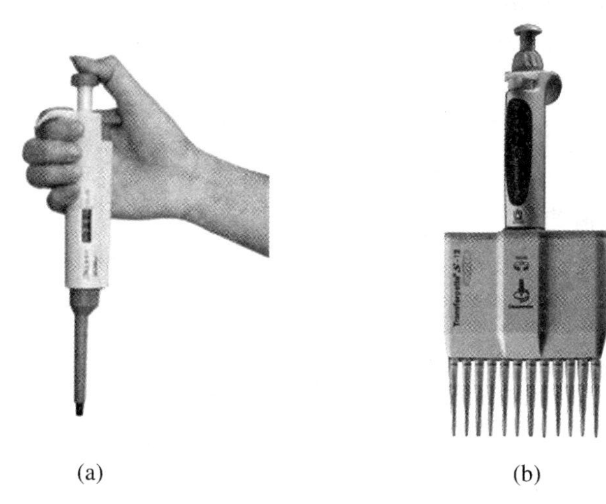

图 1.1.5　微量移液器

微量移液器可分为两种:一种是固定容量的取液器,常用的有 100 μL、200 μL 和1 000 μL等多种规格;另一种是可调容量的取液器,常用的有 200 μL、1 000 μL 和 5 000 μL 等多种规格。每种微量移液器都有专用的聚丙烯塑料吸头,吸头通常是一次性使用,也可以超声清洗后重复使用,而且此种吸头还可以进行 120 ℃高压灭菌。

可调式微量移液器的操作方法是用拇指和食指旋转微量移液器上部的旋钮,使数字窗口出现所需容量的数字,在微量移液器下端插上一个塑料吸头,并旋紧以保证气密,然后四指并拢握住微量移液器上部,用拇指按住柱塞杆顶端的按钮,向下按到第一停点,将微量移液器的吸头插入待取的溶液中,缓慢松开按钮,吸入液体,停留 1～2 s(黏性大的溶液可加长停留时间),将吸头沿器壁滑出容器,用吸水纸擦去吸头表面可能附着的液体,排液时吸头接触倾斜的器壁,先将按钮按到第一停点,停留 1 s(黏性大的液体要加长停留时间),再按压到第二停点,吹出吸头尖部的剩余溶液,如果不使用手取下吸头,可按压吸头推杆,将吸头推入废物缸。

使用微量移液器的注意事项有:

(1) 吸取液体时一定要缓慢平稳地松开拇指,绝不允许突然松开,以防因溶液吸入过快而冲入微量移液器内腐蚀柱塞而造成漏气。

(2) 为获得较高的精度，吸头需预先吸取一次样品溶液，然后再正式移液，因为吸取血清蛋白质溶液或有机溶剂时，吸头内壁会残留一层“液膜”，造成排液量偏小而产生误差。

(3) 浓度和黏度大的液体，误差较大，为减少误差，要有一定的补偿量，可由实验确定，补偿量可用调节旋钮改变读数窗的读数来进行设定。

(4) 可用分析天平称量所取纯水的质量并用计算的方法来校正取液器，例如 1 mL 蒸馏水 20 ℃时的质量为 0.998 2 g。

二、缓冲溶液的配制与 pH 的测定

1. 缓冲溶液的配制

缓冲溶液是一类能够抵制外界加入少量的酸、碱溶液的影响，仍能维持 pH 基本不变的溶液。该溶液的这种抗 pH 变化的作用称为缓冲作用。缓冲溶液通常是由一种或两种化合物溶于溶剂（即纯水）所得的溶液，溶液内所溶解的溶质（化合物）称之为缓冲剂，调节缓冲剂的配比即可制得不同 pH 的缓冲液。

缓冲溶液的正确配制和 pH 的准确测定有极为重要的意义，因为在生物体内进行的各种生物化学过程都是在精确的 pH 下进行的，而且受到 H^+ 浓度的严格调控，能够做到这一点是因为生物体内有完善的天然缓冲系统。生物体细胞的生长和活动需要一定的 pH，体内 pH 环境的任何改变都将引起与代谢有关的酸碱电离平衡移动，从而影响生物体细胞的活性。为了在实验室条件下准确地模拟生物体内的天然环境，就必须保持体外生物化学反应过程与体内过程有完全相同的 pH。此外，各种生化样品的分离纯化和分析鉴定，也必须选用合适的 pH，因此，在生物化学和分子生物学的各种研究工作和生物技术的各种开发工作中，深刻地了解各种缓冲试剂的性质，准确恰当地选择和配制各种缓冲溶液，精确地测定溶液的 pH，是非常重要的基础实验工作。

2. pH 的测定

测定溶液的 pH 通常有两种方法，最简便但较粗略的方法是用 pH 试纸（图 1.1.6）。pH 试纸分为广泛 pH 试纸和精密 pH 试纸两种，广泛 pH 试纸的变色范围有 pH 为 1～14、9～14 等，只能粗略确定溶液的 pH。另一种是精密 pH 试纸，可以较精确地测定溶液的 pH，其变色范围是 2～3 个 pH 单位，例如有 pH 为 1.4～3.0、5.4～7.0、7.6～8.5、8.0～10.0、9.5～13.0 等种类，可根据待测溶液的酸、碱性选用某一范围的试纸。测定的方法是将试纸条剪成小块，用镊子夹一小块试纸（不可用手拿，以免污染试纸），用玻璃棒蘸少许溶液与试纸接触，试纸变色后与色阶板对照，估读出所测 pH。切不可将试纸直接放入溶液中，以免污染样品溶液。

也可将试纸块放在白色点滴板上观察和估测。试纸要存放在有盖的容器中，以免受到实验室内各种气体的污染。

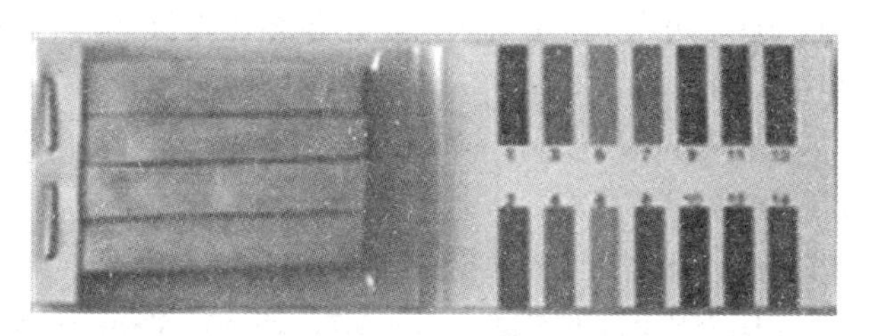

图 1.1.6　pH 试纸

精确测定溶液 pH 要使用 pH 计(图 1.1.7)，其精确度可达 0.005 pH 单位，关键是要正确选用和校对 pH 电极。过去使用两个电极，即玻璃电极和参比电极(甘汞或银-氯化银电极)，现在它们已被两种电极合一的复合电极所代替。玻璃电极对溶液中的 H^+ 浓度敏感，其头部为一薄玻璃泡，内装有 0.1 mol/L 的 HCl 溶液，上部用银-氯化银电极与铂金丝联结。当玻璃电极浸入样品溶液时，薄玻璃泡内外两侧的电位差取决于溶液的 pH，即玻璃电极的电极电位随样品溶液中 H^+ 浓度(活度)的变化而变化。参比电极的功能是提供一个恒定的电位，作为测量玻璃电极薄玻璃泡内外两侧电位差的参照。常用的参比电极是甘汞电极(Hg/HgCl)或银-氯化银电极(Ag/AgCl)。参比电极电位是 Cl^- 浓度的函数，因而电极内充以4 mol/L KCl 溶液或饱和 KCl 溶液，以保持恒定的 Cl^- 浓度和恒定的电极电位。使用饱和 KCl 溶液是为使电极内沉积有部分 KCl 结晶，以使 KCl 的饱和浓度不受温度和湿度的影响。

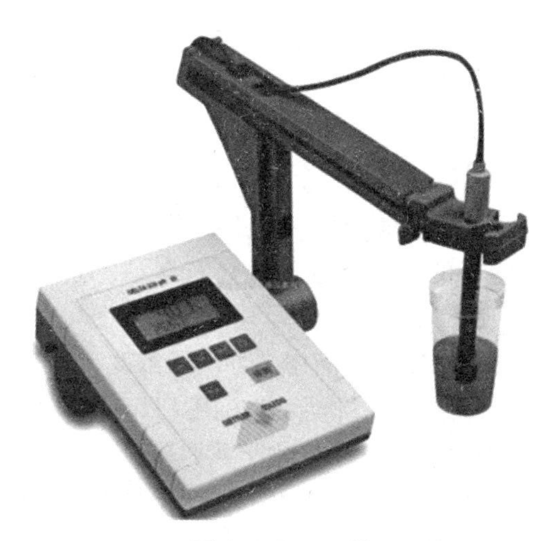

图 1.1.7　pH 计

现在 pH 测定已都改用玻璃电极与参比电极合一的复合电极，即将它们共同组装在一根玻璃管或塑料管内，下端玻璃泡处有保护罩，使用十分方便，尤其是便于测定少量液体的 pH。测定 pH 时，玻璃电极和参比电极同时浸入溶液中，构成一个“全电池”，使用时应注意：

(1) 经常检查电极内的 KCl 溶液(4 mol/L)的液面，如液面过低则应及时补充 KCl 溶液(4 mol/L)。

(2) 玻璃泡极易破碎，使用时必须极为小心。

(3) 复合电极长期不用的，可浸泡在 2 mol/L 的 KCl 溶液中，平时也可浸泡在无离子水或缓冲溶液中，使用时取出，用无离子水冲洗玻璃泡部分，然后用吸水纸吸干剩余水分，将电极浸入待测溶液中，稍加搅拌，读数时电极应静止不动，以免数字跳动不稳定。

(4) 使用时复合电极的玻璃泡和半透膜小孔要浸入到溶液中。

(5) 使用前要用标准缓冲液校正电极，常用的三种标准缓冲液的 pH 是 4.00、6.88 和 9.23(20 ℃)，精度为 ±0.002 pH 单位。校正时先将电极放入 pH 6.88 的标准缓冲液中，用 pH 计上的“标准”旋钮校正 pH 读数，然后取出电极洗净，再放入 pH 4.00 或 pH 9.23 的标准缓冲液中，用“斜率”旋钮校正 pH 读数，如此反复多次，直至二点校正正确，再用第三种标准缓冲液检查。标准缓冲液不用时应冷藏。

(6) 电极的玻璃泡容易被污染。若测定浓蛋白质溶液的 pH 时，玻璃泡表面会覆盖一层蛋白质膜，不易洗净而干扰测定，此时可用 0.1 mol/L HCl 和 1 mg/mL 胃蛋白酶溶液浸泡过夜。若被油脂污染，可用丙酮浸泡。若电极保存时间过长，校正数值不准时，可将电极放入 2 mol/L 的 KCl 溶液中，40 ℃加热 1 h 以上，再进行电极活化。

pH 测定时会有以下几方面的误差：

(1) Na^+ 的干扰。多数复合电极对 Na^+ 和 H^+ 都非常敏感，尤其是高 pH 的碱性溶液，Na^+ 的干扰更加明显。例如，当 Na^+ 浓度为 0.1 mol/L 时，可使 pH 偏低 0.4～0.5 个单位。为减少 Na^+ 对 pH 测定的干扰，每个复合电极都应附有一条校正 Na^+ 干扰的标准曲线，有的新式复合电极具有 Na^+ 不透过性能，如无以上两个条件，则可以将电极内的 KCl 换成 NaCl。

(2) 浓度效应。溶液的 pH 与溶液中缓冲离子浓度和其他盐离子浓度有关，因为溶液 pH 取决于溶液中的离子活度而不是浓度，只有在很稀的溶液中，离子的活度才与其浓度相等。生物化学和分子生物学实验中经常配制比使用浓度高 10 倍的“贮液”，使用时再稀释到所需浓度，由于浓度变化很大，溶液 pH 会有变化，因而稀释后仍需对其 pH 进行调整。

(3) 温度效应。有的缓冲液的 pH 受温度影响很大，如 Tris 缓冲液，因而配制和使用都要在同一温度下进行。

三、酶标仪

作为微孔板比色计的酶标仪(图 1.1.8),其基本功能不外乎是比色测定,有所不同的是在测定波长范围、吸光度范围、光学系统、检测速度、震板功能、温度控制、定性和定量测定软件功能等方面的差异,全自动酶免疫分析系统还具有自动洗板、温育、加样等功能。

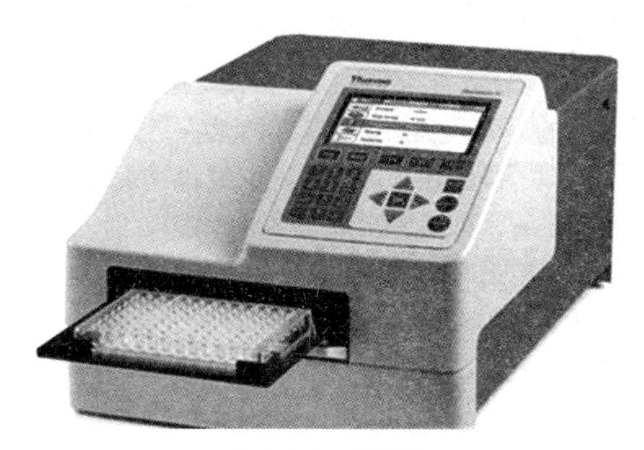

图 1.1.8　酶标仪

(一) 主要操作规程

(1) 开启酶标仪的电源,待酶标仪自检完成,仪器的液晶显示窗出现“Plate Reading”及闪动光标(若仪器提示不能通过自检或出现其他的出错信息时,请立即停止下列操作并详细记录错误信息,再报告专业人员维修)。

(2) 开启计算机。

(3) 打开酶标仪专用程序(此时在操作界面左下方显示“Ready”字样)。

(4) 打开“File”菜单,选择“New Reading”的“New Endpoint Protocol”选项(此时酶标仪转为计算机控制模式);在“Reading Parameters”处,设置各项参数:单波长测定选择“Single”;双波长测定选择“Dual”;选择“Measurement Filter”选项确定测量滤光片波长值;选择“Reference Filter”选项确定参比滤光片波长值。

目前配置的滤光片波长有四种:405 nm、450 nm、540 nm、630 nm(另有 490 nm 的滤光片可选用,需另行安装)。

(5) 检查并确认所设各参数无误,将酶标板放入仪器内(左上角为 A1),关闭测量室的盖板(注意:不能将酶标板的盖子放入仪器内)。

(6) 点击“Run”键，仪器开始测定，测定完成后，显示出与酶标板规格一致排列的各孔 *OD* 值。

(7) 可将数值用“Copy”命令复制后粘贴至 Excel 电子数据工作表上，或打开“File”菜单，运行“Export”命令，选择相应的数据文件格式，按自己确定的路径和文件名进行保存。

(8) 取出酶标板，按关闭程序→关闭计算机→关闭酶标仪的顺序关机。

(9) 每次工作完毕后，清洁工作台面，做好仪器的使用记录。

(二) 使用注意事项

1. 工作环境

酶标仪是一种精密的光学仪器，因此良好的工作环境不仅能确保酶标仪的准确性和稳定性，还能够延长其使用寿命。仪器应放置在无磁场和干扰电压及低于 40 dB 的环境下。为延缓光学部件的老化，应避免阳光直射。操作时环境温度应在 15～40 ℃范围，环境湿度在 15%～85%范围。操作电压应保持稳定，操作环境的空气应清洁，避免水汽、烟尘。保持干燥、干净、水平的工作台面，以及足够的操作空间。

2. 操作注意事项

酶标仪的功能是用来读取酶联免疫试剂盒的反应结果，因此要得到准确结果，试剂盒的使用必须规范。在酶标仪的操作中应注意以下事项：可以使用加液器加液，加液头不能混用。洗板要洗干净。如果条件允许，可以使用洗板机洗板，避免交叉污染。严格按照试剂盒的说明书进行操作，反应时间准确。在测量过程中，请勿触碰酶标板，以防酶标板传送时挤伤操作人员的手。请勿将样品或试剂洒到仪器表面或内部，操作完成后请洗手。如果使用的样品或试剂具有污染性、毒性和生物学危害，请严格按照试剂盒的操作说明，以防对操作人员造成损害。如果仪器接触过污染性或传染性物品，请进行清洗和消毒。不要在测量过程中关闭电源。对于因试剂盒问题造成的测量结果的偏差，应根据实际情况及时修改参数，以达到最佳效果。使用后盖好防尘罩。出现技术故障时应及时与厂家联系，切勿擅自拆卸酶标仪。

四、分光光度计

分光光度法是通过测定被测物质在特定波长处或一定波长范围内光的吸收度，对该物质进行定性和定量分析的方法。它具有灵敏度高、操作简便、快速等优点，是生物化学实验中最常用的方法之一。许多物质的测定都采用分光光度法。

在分光光度计(图1.1.9)中,将不同波长的光连续地照射到一定浓度的样品溶液时,便可得到与不同波长相对应的吸收强度(详细内容参见本书第三章)。

图1.1.9　分光光度计

五、高速冷冻离心机

高速离心机的转速一般在10 000～30 000 r/min范围。由于转速较高,产生的离心力大,是对样品溶液中悬浮物质进行高纯度分离、浓缩、精制、提取的有效制备仪器。高速离心机是医学、生命科学、药学、生物学、化学、农业科学、食品环保等科研生产部门使用的、用于分离的重要仪器设备,满足各种科研实验的要求。广泛用于各种药物、生物制品,如血液、细胞、蛋白质、酶、核酸、病毒、激素等。

高速冷冻离心机(带有制冷系统)(图1.1.10)主要用于低温条件下细菌、细胞、亚细胞组分、病毒等的分离,核酸、蛋白、酶等活性成分提取、分离、纯化,及其他需要低温冷冻条件的离心。

(一) 转头

1. 分类

转头是高速冷冻离心机的重要组成部分,它由驱动系统带动,随时可装卸,是样品的负载者。根据结构和用途,转头可分为五大类:角式转头、水平式转头(图1.1.11)、区带转头、垂直转头、连续流动转头。

图 1.1.10　高速冷冻离心机

(a) 水平转头

(b) 角式转头

图 1.1.11　水平转头和角式转头

2. 转头的常用参数

(1) 最大离心力。

转头的最大离心力(max *RCF*)可以根据转头的最大速度和最大旋转半径计算得出,离心力(*RCF*)的公式为

$$RCF = 1.12 \times 10^{-5} N^2 r$$

式中,N 是每分钟转数,单位为 r/min;r 是旋转半径,单位为 cm。

(2) 最大容量。

每个转头中容纳的离心管数乘以离心管的最大体积就是该转头的最大容量(max capacity)。最大容量与转头的大小有关,而转头的大小与转速有关。容量越大,转头越大,转速越低;反之,容量越小,转头越小,转速越高。

(二) 主要操作规程

(1) 把离心机放置于水平地面上,4 只橡胶机脚应坚实接触地面,检测使之平衡,用手轻摇一下离心机,检查其是否放置平稳。

(2) 选择合适的转头和离心管,将样品加入离心管中,加入样品的体积不能超过离心管体积的 2/3。若离心管上有刻度,那么各离心管中的样品应在同一刻度;若离心管上没有刻度,要将离心管放在天平上称重,确保各离心管的质量相同。

(3) 将待测样品管对称放入转头孔中,旋紧转头盖。

(4) 接通高速冷冻离心机的电源,打开开关。调节离心机控制面板上的按钮,设置离心时间、离心室温度、离心机转速、加速和减速按钮。一般情况下，加速调到最大，减速调到最小。

(5) 盖上离心机盖，核查面板上设置的各参数后按开始键。

(6) 离心开始后等离心速度达到所设定的速度才能离开，一旦发现离心机有异常(如机器振动明显、噪音很大)，应立即按停止键，必要时应切断电源，停止离心，检查原因。

(7) 离心机达到预置离心时间时会自动停止工作。待离心机完全停止转动后，按下自动门锁开关，离心机盖门将自动打开，旋开转头盖子，取出离心管。

(8) 离心结束后，关掉开关，拔下电源，取出转头。恢复至室温一段时间后，用毛巾擦去转头和离心室内的水。转头放回原位，离心机盖保持开启状态，有利于湿气蒸发。

(9) 填写使用登记表。

(三) 使用注意事项

(1) 离心机应放置于水平地面或桌面上，周围最好能留出 30 m 的距离，房间内应避免阳光直射，保持良好通风，不应同时存放挥发性物品。最佳使用温度为 5～25 ℃。必须使用 220 V、30 A 的电源，仪器电源线需接至空气开关，不可使用插头连接。

(2) 使用前应确定冷冻离心机接地是否稳定。

(3) 使用前应检查转子是否有伤痕、腐蚀等现象，同时应对离心杯做裂纹、老化等方面的检查，发现有疑问立即停止使用，并与厂方联系。

(4) 使用高转速时(大于 8 000 r/min)，要先在较低转速下运行 2 min 左右以磨合电机，然后再逐渐升到所需转速。不要瞬间运行到高转速，以免损坏电机。

(5) 不得在机器运转过程中或转子未停稳的情况下打开盖门，以免发生事故。

(6) 离心管加液应称量平衡，若加液差异过大运转时会产生大的振动，此时应停机检查，使加液符合要求，离心管必须成偶数对称放入。

(7) 不得使用伪劣的离心管，不得使用老化、变形、有裂纹的离心管。

(8) 每次停机后再开机的时间间隔不得少于 5 min，以免压缩机堵转而损坏。

(9) 在离心过程中，操作人员不得离开离心机室，一旦发生异常情况，操作人员不能关闭电源，要按停止键。

(10) 在仪器使用过程中发生机器故障、部件损坏情况时要及时与实验室管理人员联系。

(11) 离心机一次运行时间最好不要超过 30 min。

(12) 认真填写离心机使用记录。

(13) 转头要轻取轻放，防止剧烈碰撞。

(14) 在每次使用完毕之后，要用75%酒精擦拭干净，防止被酸、碱溶液腐蚀和氧化物氧化。

(15) 防止机械疲劳，转头在离心时，随着离心速度的增加，转头的金属会随之拉长变形，在停止离心后又恢复到原状态。若长时间地使用转头最大允许速度离心，会造成机械疲劳。

(16) 工作结束后，一定要将转头从仪器内取出。转头如需清洗，请使用中性洗涤剂，清洗晾干后，可在转头表面涂抹少量硅脂。转头平时倒放于较软的实验台表面(不要盖上转头盖)。转头需轻取轻放，严禁撞击。

(17) 工作结束后，仪器样品室内如有结霜，请勿关门，需等待霜融化后用软布擦净后再关门。

六、PCR 技术

聚合酶链反应(polymerase chain reaction，PCR)技术由于具有简便易行、灵敏度高等优点，被广泛应用于基础研究，是最常用的分子生物学技术之一，通过变性、退火和延伸的循环来完成核酸分子的大量扩增(详细内容参见本书第八章)。

图 1.1.12 PCR 仪

图 1.1.13 96 孔板

随着 PCR 技术的迅猛发展，PCR 扩增仪(图 1.1.12)及其相关器材(图 1.1.13)的功能被不断改进和完善。由于传统的 PCR 技术不能准确定量，且操作过程中易被污染而导致假阳性率高等缺点，使其在临床上的应用受到限制。科学家们几经探索，先后提出多种定量 PCR 方法。随着生命科学和医学检测的不断发展，人们越来越希望在保证 PCR 反应特异性、灵敏性、保真度的同时，能够尽量缩短反应的时间,即实现快速 PCR。快速 PCR 技术不仅可使样品在有限时间内尽快得到扩增,而且可以显著增加可检测的样品数量,在大批量样本检测和传染病快速诊断等方面将会有重要的应用前景。

PCR 技术总体来说已经成为一个较为成熟的技术,但随着研究和应用领域不断增长的新需求,PCR 仍存在相对巨大的改进空间。随着更多新方法的发明和各学科间交叉合作的深入,PCR 技术会进一步完善和系统化,给所有生物学工作者带来新的惊喜。

第五节　实验数据的常用处理方法

在生物化学与分子生物学实验中常以图表来记录实验结果,这样可使实验结果清楚明了。特别在生化实验中通过对标准样品的一系列分析测定,制作图表或绘制标准曲线等,可为以后待测样品的分析提供方便的条件。图表法比较适用于实验数据较多的情况,但不能清楚地表示数据间的情况,最好用图表的形式概括实验的结果。根据记录数据的性质,确定用图还是用表。

一、大量数据的处理方法

1. 列表法

通常根据实验所得的各种数据列出表格。表格设计要求紧凑、简明并有编号和标题,有时还需要在标题下面写出详细说明。通常在表格的第一行和第一列标出数据的名称或单位,在每一纵行数据结果的顶端注明所使用的单位,而不要在表格的每一行中重复地书写数据的单位。表格其余行列内只填数字,表格中的数据应有合适的位数。为此可适当调整数据的单位。

2. 作图法

实验所得的一系列数据之间的关系及变化情况,常常可用图线表示,直观地分析实验数据。一般情况下,当所观察记录的数据较多时,用图线比表格好,从图中获取结果也比表格中来得容易,而且观察各点是否能画成一个光滑的曲线,还能直观体现实验中的偶然误差。此外,图能清楚地指出测量的中断,而在数字表格中不容易看出来。通常利用 Excel 或 SPSS 软件作图。如生化实验中用比色法测定蛋白质样品浓度时,采用绘制蛋白质标准样品浓度的工作曲线,然后在同样的工作条件下测定未知样品,用所得的数据从标准曲线中查出未知蛋白质样品的浓度。

在生物化学与分子生物学实验中，用图线表示层析或电泳的结果或用流程图表示步骤，比冗长的描述更清楚。绘制层析、电泳图谱时，除比例关系由作图者酌情修改外，层析斑点、电泳条带、位置、颜色深浅等均力求与原物一致。

二、少量实验数据的处理方法

图表法比较适合大量数据的情况，对于少量实验数据的数据统计处理方法一般不用。少量数据的数理统计处理包括平均值的精密度、平均值的量倍区间、可疑值的取舍及显著性检验等。对少量实验数据的数理统计处理应掌握有效数字概念及其运用方法。

第六节　实验报告的撰写与要求

一、实验的记录要求

详细、准确、如实地做好实验记录是极为重要的，记录如果有误，会使整个实验失败，做好实验记录也是培养学生实验能力和严谨的科学作风的一个重要方面。

(1) 实验前要认真预习实验资料，看懂实验原理和操作方法，在记录本上写好实验预习报告，包括详细的实验操作步骤(可以用流程图表示)和数据记录表格等。

(2) 记录本要编好页码，不得撕去或涂改，写错时可以划去重写。不得用铅笔记录，只能用钢笔和圆珠笔。记录本的左页用作计算和打草稿，右页用作预习报告和实验记录。两位同学合做同一实验时，两人必须都有相同的、完整的记录。

(3) 实验中应及时准确地记录所观察到的现象和测量的数据，条理清楚，字迹端正，切不可潦草。实验记录必须公正客观，不可夹杂主观因素。

(4) 实验中要记录的各种数据，都应事先在记录本上设计好各种记录格式，以免实验中由于忙乱而遗漏测量和记录，造成不可挽回的损失。

(5) 实验记录要注意有效数字，如吸光度值应为“0.050”，而不能记成“0.05”。每个结果都要尽可能重复观测两次以上，即使观测的数据相同或偏差很大，也都应如实记录，不得涂改。

(6) 实验中要详细记录实验条件，如使用的仪器型号、编号、生产厂家等；生物材料的来源、形态特征、健康状况、选用的组织及其重量等；试剂的规格、化学式、分子量、试剂的浓度等，都应记录清楚。

二、实验报告的撰写要求

实验报告是实验的总结和汇报，通过撰写实验报告可以分析总结实验的经验和问题，学会处理各种实验数据的方法，加深对有关生物化学与分子生物学原理和实验技术的理解和掌握，同时也是学习撰写科学研究论文的过程。实验报告的格式为：① 实验目的。② 实验原理。③ 仪器和试剂。④ 实验步骤。⑤ 数据处理。⑥ 结果讨论。

每个实验报告都要按照上述要求来撰写，实验报告的写作水平也是衡量学生实验能力的一个重要方面。实验报告必须独立完成，严禁抄袭。撰写实验报告要用实验报告专用纸，以便教师批阅，不要用练习本或其他纸张。为了使实验结果能够重复，必须详细记录实验现象的所有细节。在科学研究中，仔细地观察，特别注意那些未想到的实验现象是十分重要的，这些观察常常会引起意外的发现，报告并注意分析实验中的真实发现，对学生来说是非常重要的科学研究训练。实验报告使用的语言要简明清楚，抓住关键，各种实验数据都要尽可能整理成表格并作图表示，一目了然，以便比较。实验作图尤其要严格要求，必须使用坐标纸，每个图都要有明显的标题，坐标轴的名称要清楚完整，要注明合适的单位，坐标轴的分度数字要与有效数字相符，并尽可能简明，若数字太大，可以化简，并在坐标轴的单位上乘以10的次方。实验点要使用专门设计的符号，如：○、●、□、■、△、▲等，符号的大小要与实验数据的误差相符。不要用“×”“+”和“·”等符号。有时也可用两端有小横线的垂直线段来表示实验点，其线段的长度与实验误差相符。通常横轴是自变量，是已知的数据；纵轴是因变量，是测量的数据。曲线要用曲线板或曲线尺画成光滑连续的曲线，各实验点均匀分布在曲线上和曲线两边，且曲线不可超越最后一个实验点。两条以上的曲线和符号应有说明。

实验结果的讨论要充分，尽可能多查阅一些有关的文献和教科书，充分运用已学过的知识、生物化学和分子生物学原理，进行深入的探讨，勇于提出自己独到的分析和见解，并对实验提出改进意见。

第二章　生物大分子制备技术——如何分离纯化生物大分子

生物大分子主要是指蛋白质、酶和核酸，这一类物质是生命活动的物质基础。在自然科学，尤其是生命科学高度发展的今天，蛋白质、酶和核酸等生物大分子的结构与功能的研究是探求生命奥秘的中心课题。要对生物大分子的结构与功能进行研究，必须首先解决生物大分子的制备问题，如果没有能够达到足够纯度的生物大分子的制备作为前提，结构与功能的研究就无从谈起。在制备过程中必须注意保留生物高分子结构和功能的完整性，防止酸、碱、高温、剧烈机械作用而导致所制备物质生物活性的丧失。

分离纯化是生物高分子制备的关键技术，其方法很多，主要利用待分离物质之间特异性的差异，如分子大小、形状、酸碱性、溶解度、极性、电荷以及对其他分子的亲和性等。目前使用的各种分离纯化的方法，主要原理基本上可归纳成两个方面：① 利用混合物中几个组分分配系数的差异，把它们分配到两个相或者几个相中。② 将混合物置于单一的物相中，通过物理力场的作用使各组分分配于不同区域而达到分离的目的。生物大分子分离纯化的方法类型见表 1.2.1。

表 1.2.1　生物大分子分离纯化的方法类型

理化性质	分离纯化方法
分子大小和形态	离心、超滤、分子筛层析、透析、凝胶色谱、SDS-聚丙烯酰胺电泳
溶解度	盐析、有机溶剂沉淀、等电点沉淀、分配层析等
分子的密度	超速离心
电荷差异	电泳(醋纤膜、琼脂糖、聚丙烯酰胺)、等电聚焦电泳、离子交换层析
生物功能专一性	亲和层析、疏水层析、共价色谱

第一节　前处理和细胞分离

一、生物材料的选择

制备生物大分子，首先要选择适当的生物材料。材料的来源无非是植物、动物和微生物及其代谢产物。从工业生产角度选择材料，应选择含量高、来源丰富、制备工艺简单、成本低的原料。但往往这几个方面的要求不能同时具备，含量丰富但来源困难，或含量和来源较理想，但材料的分离纯化方法繁琐、流程很长，反倒不如含量低些、但易于获得纯品的材料。因此，必须根据具体情况决定取舍。从科研工作的角度选材，则只需考虑材料的选择是否符合实验预定的目标。此外，选择植物材料时应注意季节、地理位置和生长环境等；选择动物材料时要注意年龄、性别、营养状况、遗传因素和生理状态等；选择微生物材料时要注意菌种的代数和培养基成分等之间的差异，如在微生物的对数期，酶和核酸的含量较高，可获得较高的产量。

材料选定后要尽可能保持新鲜，尽快加工处理。动物组织要先除去结缔组织、脂肪等非活性部分，绞碎后在适当的溶剂中提取，如果所要求的成分在细胞内，则要先破碎细胞；植物材料要先去壳、除脂；微生物材料要及时将菌体与发酵液分开。生物材料如暂时不提取，应冷冻保存，动物材料则需深度冷冻保存。

二、细胞破碎的方法

除某些细胞外的多肽激素、蛋白质和酶以外，对于细胞内或多细胞生物组织中的各种生物大分子的分离纯化，都需要事先将细胞和组织破碎，使生物大分子充分释放到溶液中，保持生物活性。不同的生物体或同一生物体的不同部位的组织，其细胞破碎的难易程度不一，使用的方法也不相同，如动物脏器的细胞膜较脆弱，容易破碎。植物和微生物由于具有较坚固的细胞壁，要采取专门的细胞破碎方法。目前常用的破碎细胞的方法主要有以下几种：

（一）机械法

1. 研磨法

将剪碎的动物组织置于研钵或匀浆器中，加入少量石英砂研磨或匀浆，即可将动物细胞破碎，这种方法比较温和，适合实验室使用。工业生产中可用电磨研磨。

细菌和植物组织细胞的破碎也可用此法。

2. 组织捣碎器捣碎法

组织捣碎器捣碎法是一种较剧烈的破碎细胞的方法，通常可先用食品加工机将组织打碎，然后再用10 000～20 000 r/min的组织捣碎机（即高速分散器）将组织的细胞打碎，为了防止发热和升温过高，通常是转10～20 s，停10～20 s，可反复多次。

（二）物理法

1. 反复冻融法

将待破碎的细胞冷冻至－20～－15 ℃，然后放于室温（或40 ℃）迅速融化，如此反复冻融多次，由于细胞内形成冰粒使剩余胞液的盐浓度增高而引起细胞溶胀破碎。

2. 超声波处理法

超声波处理法是借助超声波的振动力来破碎细胞壁和细胞器。破碎微生物细菌和酵母菌时，时间要长一些，处理的效果与样品浓度和使用频率有关，使用时应注意降温，防止过热。

3. 压榨法

压榨法是一种温和的、彻底破碎细胞的方法。在$1\,000\times10^5$～$2\,000\times10^5$ Pa的高压下使细胞悬液通过一个小孔突然转变为常压，细胞将彻底破碎。这是一种较理想的破碎细胞的方法。

4. 冷热交替法

将生物材料在90 ℃左右维持数分钟，立即放入冰浴中使之冷却，如此反复多次，绝大部分细胞都可以被破碎。从细菌或病毒中提取蛋白质和核酸时可用此法。

5. 低渗裂解法

低渗裂解法是指无胞壁细胞在低渗溶液中，通过渗透张力作用裂解的方法，常用于红细胞的裂解。

（三）化学与生物化学方法

1. 自溶法

将新鲜的生物材料存放于一定的pH和适当的温度下，细胞结构在自身所具有的各种水解酶（如蛋白酶和酯酶等）的作用下发生溶解，使细胞内含物释放出来，此方法称为自溶法。操作时要特别小心，因为水解酶不仅可以破坏细胞壁和细胞膜，同时也可能会分解某些要提取的有效成分。

2. 溶胀法

细胞膜为天然的半透膜，在低渗溶液和低浓度的盐溶液中，由于存在渗透压差，溶剂分子大量进入细胞，将细胞膜胀破而释放出细胞内含物。

3. 酶解法

利用各种水解酶，如溶菌酶、纤维素酶、蜗牛酶和酯酶等，于37 ℃，pH为8.0的条件下处理15 min，可以专一性地将细胞壁分解，释放出细胞内含物，此方法适用于多种微生物。如从某些细菌细胞提取质粒DNA时，可采用溶菌酶（来自蛋清）破碎细胞壁，而在破碎酵母细胞时，常采用蜗牛酶（来自蜗牛），将酵母细胞悬于0.1 mmol/L柠檬酸-磷酸氢二钠缓冲液（pH为5.4）中，加1%（质量分数）蜗牛酶，在30 ℃下处理30 min，即可使大部分细胞壁破裂，如同时加入0.2%（质量分数）巯基乙醇效果会更好。本方法可以与研磨法联合使用。

4. 有机溶剂处理法

利用氯仿、甲苯和丙酮等有机溶剂或SDS（十二烷基硫酸钠）等表面活性剂处理细胞，可将细胞膜溶解，从而使细胞破裂。

三、生物大分子的提取

生物大分子的提取是在分离纯化之前将经过预处理或破碎的细胞置于溶剂中，使被分离的生物大分子充分地释放到溶剂中，并尽可能保持原来的天然状态而不丢失生物活性的过程。这一过程是将目的产物与细胞中的其他化合物和生物大分子分离，即由固相转入液相，或从细胞内转入外界特定的溶液中。

（一）影响生物大分子提取的因素

（1）目的产物在提取溶剂中溶解度的大小。

（2）目的产物由固相扩散到液相的难易程度。

（3）溶剂的pH和提取时间等。

一种物质在某一溶剂中溶解度的大小与该物质的分子结构及使用的溶剂的理化性质有关。一般来说，极性物质易溶于极性溶剂，非极性物质易溶于非极性溶剂，碱性物质易溶于酸性溶剂，酸性物质易溶于碱性溶剂。温度升高，溶解度加大；远离等电点pH，溶解度增加。提取时所选择的条件应有利于目的产物溶解度的增加和保持其生物活性。

（二）常用的生物大分子的提取方法

1. 水溶液提取

蛋白质和酶的提取一般以水溶液为主，稀盐溶液和缓冲液对蛋白质的稳定性好、溶解度大，是提取蛋白质和酶等生物大分子最常用的溶剂。用水溶液提取生物大分子应注意以下几个主要影响因素：

(1) 盐浓度(离子强度)。离子强度对生物大分子的溶解度有极大的影响,有些物质如DNA蛋白复合物,在高离子强度下溶解度增加；而另一些物质如RNA蛋白复合物,在低离子强度下溶解度增加,在高离子强度下溶解度减小。绝大多数蛋白质和酶,在低离子强度的溶液中都有较大的溶解度,如在纯水中加入少量中性盐,蛋白质的溶解度比在纯水中大,称为"盐溶"现象。但中性盐的浓度增加至一定量时,蛋白质的溶解度又逐渐下降,直至沉淀析出,称为"盐析"现象。盐溶现象的产生主要是少量离子的活动,减少了偶极分子之间极性基团的静电吸引力,增加了溶质和溶剂分子间相互作用力的结果。所以低盐溶液常用于大多数生化物质的提取。通常使用0.02～0.05 mol/L的缓冲液或0.09～0.15 mol/L NaCl溶液提取蛋白质和酶。不同的蛋白质极性大小不同,为了提高提取效率,有时需要降低或提高溶剂的极性。向水溶液中加入蔗糖或甘油可使其极性降低,增加离子强度可以增加溶液的极性。

(2) pH。蛋白质、酶、核酸的溶解度和稳定性与介质的pH有关。过酸、过碱均可使之变性,一般将pH控制在6～8的范围内,提取溶剂的pH应在蛋白质和酶的稳定范围内,通常选择偏离等电点的两侧。碱性蛋白质选择偏酸一侧,酸性蛋白质则选择偏碱的一侧,以增加蛋白质的溶解度,提高提取效果。如胰蛋白酶为碱性蛋白质,常用稀酸提取,而肌肉甘油醛-3-磷酸脱氢酶属酸性蛋白质,则常用稀碱来提取。

(3) 温度。为防止变性和降解具有活性的蛋白质和酶,提取时一般在0～5 ℃的低温下进行操作,但少数对温度耐受力强的蛋白质(如金属硫蛋白)和酶,可提高温度使杂蛋白变性,有利于提取和下一步的纯化。

(4) 防止蛋白酶或核酸酶的降解作用。在提取蛋白质、酶和核酸时,常常受自身存在的蛋白酶或核酸酶的降解作用而导致实验失败。为防止这一现象的发生,可以加入抑制剂或调节提取液的pH、离子强度或极性等方法使这些水解酶失去活性,防止它们对欲提纯的蛋白质、酶和核酸的降解作用,如在提取DNA时加入EDTA络合DNase活化所必需的Mg^{2+}。

(5) 搅拌与氧化。搅拌能促使被提取物的溶解,一般采用温和搅拌,速度太快容易产生大量泡沫,增大了与空气的接触面,会引起酶等物质的变性失活。因为一般蛋白质都含有相当数量的巯基,有些巯基常常是活性部位的必需基团,若提取液中有氧化剂或与空气中的氧气接触过多都会使巯基氧化为分子内或分子间的二硫键,导致酶活性的丧失。在提取液中加入少量巯基乙醇或半胱氨酸可防止巯基氧化。

2. 有机溶剂提取

一些和脂类结合得比较牢固或分子中非极性侧链较多的蛋白质和酶难溶于

水、稀盐、稀酸和稀碱溶液，常用不同比例的有机溶剂提取。常用的有机溶剂有乙醇、丙酮、异丙醇、正丁醇等，这些溶剂可以与水互溶或部分互溶，同时具有亲水性和亲脂性，其中正丁醇在 0℃时在水中的溶解度为 10.5%（体积分数），40℃ 时为 6.6%（体积分数），同时又具有较强的亲脂性，因此常用来提取与脂类结合得较牢固或含非极性侧链较多的蛋白质、酶和脂类。如植物种子中的玉蜀黍蛋白、麸蛋白，常用 70%～80%(体积分数)的乙醇提取，动物组织中一些存在于线粒体及微粒体的酶常用正丁醇提取。

有些蛋白质和酶既能溶于稀酸、稀碱，又能溶于含有一定比例的有机溶剂的水溶液中，在这种情况下，采用稀的有机溶剂提取常常可防止水解酶的破坏，并兼有除去杂质和提高纯化效果的作用。如胰岛素可溶于稀酸、稀碱和稀醇溶液，但在组织中与其共存的糜蛋白酶对胰岛素有极高的水解活性，因而采用 6.8%(体积分数)的乙醇溶液并用草酸调节溶液的 pH 为 2.5～3.0 进行提取，这样就从以下三个方面抑制了糜蛋白酶的水解活性：① 6.8%（体积分数）的乙醇可以使糜蛋白酶暂时失活。② 草酸可以除去激活糜蛋白酶的 Ca^{2+} 。③ pH 2.5～3.0 是糜蛋白酶不宜作用的环境。以上条件对胰岛素的溶解和稳定性都没有影响，还可除去一部分在稀醇和稀酸中不溶解的杂蛋白。

第二节　分离与纯化

一、蛋白质的分离纯化

破碎组织和细胞将蛋白质溶解于溶液中的过程称为蛋白质的提取。将溶液中的蛋白质相互分离而取得单一蛋白质组分的过程称为蛋白质的纯化。蛋白质的各种理化性质和生物学性质是其提取与纯化的依据。目前尚无单一的方法可纯化出所有的蛋白质，蛋白质的纯化过程是许多方法综合应用的系列过程。

蛋白质分子能否成功、高效率地制备，关键在于分离纯化方案的正确选择和各纯化方法实验条件的探索。选择与探索纯化实验条件的依据就是蛋白质分子与杂质之间的生物学和物理化学性质上的差异。

（一）改变蛋白质的溶解度

通过改变蛋白质的溶解度来沉淀蛋白质的常用方法有盐析和有机溶剂沉淀。此外，还有调节 pH 和改变温度等方法。

1. 盐析

盐析(salting out)是用高浓度的中性盐将蛋白质从溶液中析出的方法。常用的中性盐有硫酸铵、硫酸钠和氯化钠等。高浓度的中性盐可以夺取蛋白质周围的水化膜,破坏蛋白质在水溶液中的稳定性。对不同的蛋白质进行盐析时,需要采用不同的盐浓度和不同的pH。盐析时的pH多选择在蛋白质的等电点附近。例如,在pH 7.0附近时,血清清蛋白溶于半饱和硫酸铵中,球蛋白沉淀下来;当硫酸铵达到饱和浓度时,清蛋白也沉淀出来。

蛋白质盐析常用的中性盐主要有硫酸铵、硫酸镁、硫酸钠、氯化钠、磷酸钠等。其中应用最多的是硫酸铵,它的优点是温度系数小而溶解度大(25 ℃时饱和溶解度为4.1 mol/L,即767 g/L;0 ℃时饱和溶解度为39 mol/L,即676 g/L),在这一溶解度范围内,许多蛋白质和酶都可以盐析出来;另外硫酸铵分段盐析效果也比其他盐好,不易引起蛋白质变性。硫酸铵溶液的pH常在4.5~5.5范围,当用其他pH的溶液进行盐析时,需用硫酸或氨水调节。蛋白质在用盐析沉淀分离后,需要将蛋白质中的盐除去,常用的办法是透析,即把蛋白质溶液装入透析袋内,用缓冲液进行透析,并不断地更换缓冲液,因透析所需时间较长,所以最好在低温中进行。此外也可用葡萄糖凝胶G-25或C-50过柱的办法除盐,所用时间比较短。

影响盐析的因素有:① 温度:除对温度敏感的蛋白质在低温(4 ℃)下进行操作外,一般可在室温中进行。总的来说,温度低,蛋白质溶解度也降低。但有的蛋白质(如血红蛋白、肌红蛋白、清蛋白)在较高的温度(25 ℃)下比0 ℃时溶解度更低,更容易盐析。② pH:在等电点时,大多数蛋白质在浓盐溶液中的溶解度最低。③ 蛋白质浓度:蛋白质浓度高时,欲分离的蛋白质常常夹杂着其他蛋白质一起沉淀出来(共沉现象)。因此在盐析前,血清要加等量生理盐水稀释,使蛋白质含量为25~30 g/L。

2. 低温有机溶剂沉淀法

与水互溶的有机溶剂(丙酮、正丁醇、乙醇、甲醇等)可以显著降低溶液的介电常数,使蛋白质分子之间相互吸引而沉淀。有机溶剂沉淀蛋白质应在低温下进行,低温不仅可以降低蛋白质的溶解度,而且还可以减少蛋白质变性的机会。

3. 等电点沉淀法

蛋白质在静电状态时颗粒之间的静电斥力最小,因而溶解度也最小,各种蛋白质的等电点有差别,可利用调节溶液的pH达到某一蛋白质的等电点使之沉淀,但此法很少单独使用,可与盐析法结合使用。

(二) 根据蛋白质分子大小不同的分离方法

各种蛋白质分子具有不同的分子质量和形状,可采用离心、超滤和层析等技术将其分离。这里主要介绍透析法与超滤法。

1. 透析法

利用具有半透膜性质的透析袋将高分子的蛋白质与低分子化合物分离的方法称为透析法(dialysis),半透膜的特点是只允许低分子通过,而大分子物质不能通过,如各种生物膜及人工制造的火棉胶、玻璃纸、塑料薄膜等,可用来做成透析袋,把含有杂质的蛋白质溶液放于袋内,将透析袋置于流动的水或缓冲液中,低分子杂质从袋中透出,高分子蛋白质留于袋内,使蛋白质得以纯化。透析法常用于除去以盐析法纯化的蛋白质而带有的大量中性盐,及以密度梯度离心法纯化蛋白质混入的氯化铯、蔗糖等低分子物质。

2. 超滤法

超滤法是利用超滤膜在一定压力下使高分子蛋白质滞留,而低分子物质和溶剂滤过。可选择不同孔径的超滤膜以截留不同相对分子质量的蛋白质。此法的优点是在选择的相对分子质量范围内进行分离,没有相态变化,有利于防止变性。这种方法既可以纯化蛋白质,又可达到浓缩蛋白质溶液的目的。

(三) 根据蛋白质电荷性质不同的分离方法

可以根据各种蛋白质在一定的 pH 环境下所带电荷种类与数量不同的特点,分离不同蛋白质。常用的方法有离子交换层析、电泳和等电聚焦。

二、核酸的分离纯化

核酸的高电荷磷酸骨架使其比蛋白质、多糖、脂肪等其他生物高分子物质更具亲水性,而不溶于有机溶剂,利用此性质进行核酸的提取。在细胞内 DNA 与蛋白质结合成脱氧核糖核蛋白(DNP),RNA 与蛋白质结合成核糖核蛋白(RNP),在不同浓度的盐溶液中,它们的溶解度差别很大,DNP 在纯水或 1.0 mol/L NaCl 溶液中的溶解度较大,但在 0.14 mol/L NaCl 溶液中的溶解度很低,相反,RNP 易溶解,因此,用 0.14 mol/L NaCl 溶液可简单地初步分离 DNP 和 RNP。

在分离核酸中最困难的是将核酸与紧密结合的蛋白质分开,而且还要避免核酸的降解,常用的解离剂是阴离子去垢剂,如脱氧胆酸钠、十二烷基硫酸钠(SDS)等,它们可使核酸从蛋白质上游离出来,还具有抑制核糖核酸酶的作用。另外除去核酸中的蛋白质的一个有效办法是使用酚氯仿混合液,它们可使蛋白质变性并对核糖核酸酶起到抑制作用,另外混合液中的氯仿比重大可使有机相与水完全分开,减少残留在水相中的酚。在用酚氯仿抽提核酸提取液时,需要剧烈振摇,为防止起泡和促使水相与有机相分离,在酚氯仿抽提液中还要再加入一定量的异丙醇。

DNA 和 RNA 的提取方式有一定的区别，通常在提取的步骤中，要同时考虑到分离作用。

1. DNA 的提取

组织细胞破碎后，加入 0.5 mol/L NaCl 溶液，离心弃去上清液，取沉淀用 1.0 mol/L NaCl 溶液溶解，再用酚氯仿混合液抽提，离心取水相，加入 2 倍体积的乙醇沉淀 DNA，在提取 DNA 的溶液中加入 EDTA 等金属螯合剂，以除去 Mg^{2+} 和 Ca^{2+}，抑制脱氧核糖核酸酶(DNase)的活性，减少对 DNA 的水解。DNA 制品中的少量 RNA 可用纯的核糖核酸酶(RNase)水解除去。

2. RNA 的提取

RNA 极易降解，在提取时最重要的问题是防止 RNase 对 RNA 的降解作用，许多试剂中甚至操作者的手指上都有 RNase。常用的抑制 RNase 的措施有：① 低温(4 ℃)操作。② 所用器皿高压消毒，试剂中加入 RNase 抑制剂。③ 操作中戴手套。

细胞中的 RNA 有 3 种：rRNA、tRNA 和 mRNA。将它们完全分开不容易，可先将细胞匀浆进行差速离心，制得细胞核、线粒体、核糖体等细胞器和细胞质，然后再从这些细胞器中分离某一类 RNA。

真核 mRNA 由于其结构上的特异性，为提取和纯化带来方便。因 mRNA 3′端均含有多聚 A 序列，可利用寡聚脱氧胸腺核苷酸层析柱，将 mRNA 从总 RNA 中纯化出来。

目前普遍使用的从动物组织和培养细胞中提取完整的总 RNA 的方法是异硫氰酸胍法，它有很强的抑制 RNase 活性的作用，对蛋白质变性效果显著。

3. 核酸的纯化

核酸纯化最关键的步骤是去除蛋白质，通常用酚氯仿抽提核酸的水溶液即可。每当需要把 DNA 克隆操作的某一步所用的酶灭活或去除以便进行下一步时，可进行这种抽提。然后，如果从细胞裂解液等复杂的分子混合物中纯化核酸，则要先用某些蛋白水解酶消化大部分蛋白质，之后再用有机溶剂抽提。这些广泛存在的蛋白酶包括链霉蛋白酶和蛋白酶 K 等，它们对多数天然蛋白质有活性。

用酚氯仿抽提比单独用酚抽提除去蛋白的效果更佳，继而用氯仿抽提除去核酸制品中的痕量酚。具体步骤如下：① 将核酸样品置于离心管中，加入等体积的酚氯仿。② 旋涡混匀管内容物，使之呈乳状。③ 12 000 g 室温离心 15 s。④ 将水相移置另一离心管，弃去两相界面和有机相。⑤ 重复操作，直至两相界面见不到蛋白质为止。⑥ 加入等体积的酚氯仿并重复混匀和离心，取水相即为核酸溶液。⑦ 用核酸浓缩法沉淀回收核酸。

三、蛋白质浓度的测定

蛋白质的定量分析是生物化学和其他生命学科最常涉及的分析内容，是临床上诊断疾病及检查康复情况的重要指标，也是许多生物制品、药物、食品质量检测的重要指标。在生物化学实验中，对样品中的蛋白质进行准确可靠的定量分析是经常进行的一项非常重要的工作。蛋白质测定的方法很多，但每种方法都有其特点和局限性，因而需要在了解各种方法的基础上根据不同情况选用恰当的方法，以满足不同的要求。目前常用的有 4 种古老的经典方法，即微量凯氏定氮法、双缩脲(Biuret)法、Folin 酚试剂(Lowry)法和紫外吸收法。另外还有近年来普遍使用的新的测定法，即考马斯亮蓝(Bradford)法，由于其突出的优点，正得到越来越广泛的应用。在这些方法中以 Bradford 法和 Lowry 法的灵敏度最高，比紫外吸收法灵敏 10～20 倍，比 Biuret 法灵敏 100 倍以上。定氮法虽然比较复杂，但较准确，往往以定氮法作为其他蛋白质测定方法中的标准蛋白质的标定方法。

值得注意的是，后 4 种方法并不能在任何条件下适用于任何形式的蛋白质，因为同一种蛋白质溶液用这 4 种方法测定，有可能得出 4 种不同的结果。每种测定法都不是完美无缺的，均有其优缺点。在选择方法时应考虑：① 实验对测定所要求的灵敏度和精确度。② 蛋白质的性质。③ 溶液中存在的干扰物质。④ 测定所要花费的时间。

1. 微量凯氏定氮法

微量凯氏定氮法简称凯氏(Kjeldahl)定氮法，是目前分析有机化合物含氮量常用的方法，是测定样品中总有机氮最准确和最简单的方法之一，被国际、国内作为法定的标准检验方法。通过对蛋白质样品的消化、蒸馏、吸收和滴定 4 个过程，完成含氮量的测定。其原理是样品中含氮有机化合物与浓硫酸在催化剂作用下共热消化，含氮有机物分解产生氨，氨又与硫酸作用生成硫酸铵。然后在碱性条件下将铵盐转化为氨，随水蒸气蒸馏出来，用过量的硼酸溶液吸收氨，再用盐酸标准溶液滴定求出总氮量，最后换算为蛋白质含量。

凯氏定氮法适用范围广、测定结果准确、重现性好，但操作复杂、费时、试剂消耗量大。若采用模块式消化炉代替传统的消化装置，可同时测定几份样品，即节省时间，又提高了工作效率，适用于批量蛋白质的测定，具有准确、快速、简便、低耗、稳定的优点。

2. 双缩脲法

双缩脲法是第一个用比色法测定蛋白质浓度的方法，至今仍被广泛采用。在需要快速但不是很准确的测定时常用此法，可用于 0.5～10 g/L 蛋白质溶液测定。

双缩脲法的原理是 Cu^{2+} 与蛋白质的肽键以及酪氨酸残基络合成紫蓝色的络合物，在 540 nm 波长处有最大吸收峰。该法可受硫醇以及具有肽性质的缓冲液，如 Tris 缓冲液等的干扰。可用等体积的冷的 10% 三氯醋酸沉淀蛋白质，然后弃去上清液，再用已知体积的 1 mol/L NaOH 溶液溶解后进行定量测定，除去干扰物。

3. Lowry 法

Lowry 法是双缩脲法的进一步发展。其第一步是双缩脲反应，即 Cu^{2+} 与蛋白质在碱性溶液中形成络合物，然后这个络合物还原磷钼磷-磷钨酸试剂（Folin 酚试剂），生成深蓝色物质。此法比双缩脲法灵敏，适合于溶液浓度范围在 20～400 mg/L。其干扰物质与双缩脲法相同，而且受它们的影响更大，硫醇和许多其他物质的存在会使结果产生严重偏差。

4. 紫外吸收法

利用蛋白质在 280 nm 波长处有特征性的最大吸收的特点，可以计算蛋白质的含量。如果没有干扰物质的存在，在 280 nm 处的吸收可用于测定 0.1～0.5 mg/mL 含量的蛋白质溶液。部分纯化的蛋白质样品常含有核酸，核酸在 260 nm 波长处有最大吸收峰。因此，当蛋白质溶液含有核酸时，对所测得的蛋白质浓度必须作适当的校正。不过对其他蛋白质不一定适用。由于各种蛋白质所含芳香族氨基酸的量不同，因此，浓度同为 0.1% 的各种蛋白质在 280 mm 处的吸光系数在 0.5～2.5 之间变化。所有蛋白质在 230 nm 以下都有强吸收。例如，牛血清蛋白的 0.1% 在 225 nm 和 215 nm 处分别为 5.0 和 11.7，而在 280 nm 处为 0.5。在 230 nm 以下的强吸收是由于肽键的存在，此值对所有的蛋白质都是一样的。但是，蛋白质之间的分子质量差异比较大，在比较几种蛋白质含量时，必须作适当的校正。

5. 考马斯亮蓝法

考马斯亮蓝法是 1976 年由 Bradford 建立的，是根据蛋白质与染料相结合的原理设计的。考马斯亮蓝 G250 染料，在酸性溶液中与蛋白质结合，使染料的最大吸收峰位置由 465 nm 变为 595 nm，溶液的颜色也由棕黑色变为蓝色。经研究认为，染料主要是与蛋白质中的碱性氨基酸（特别是精氨酸）和芳香族氨基酸残基相结合，在 595 nm 下测定的吸光度值与蛋白质浓度成正比，这种测定法具有超过其他几种方法的突出优点，因而得到人们的广泛应用。考马斯亮蓝法的优点主要有：① 灵敏度高：考马斯亮蓝法比 Lowry 法的灵敏度约高 4 倍，其最低蛋白质检测量可达 1 mg，这是因为蛋白质与染料结合后产生的颜色变化很大，蛋白质染料复合物有更高的消光系数，因而光吸收值随蛋白质浓度的变化范围比 Lowry 法要大得多。② 测定快速、简便，只需加一种试剂。使用考马斯亮蓝法完成一个样品的测定只需要 5 min 左右。由于染料与蛋白质结合的过程只要 2 min 即可完成，其颜色可以在 1 h 内保持稳定，且在 5～20 nm 范围，颜色的稳定性好。③ 干扰物质少。

如干扰 Lowry 法的 K^+、Na^+、Mg^{2+}、Tris 缓冲液、糖和蔗糖、甘油、巯基乙醇和 EDTA 等均不干扰测定结果。

但此法也存在不足：① 由于各种蛋白质中的精氨酸和芳香族氨基酸的含量不同，因此对不同蛋白质测定时存在较大的偏差，在制作标准曲线时通常选用 G 球蛋白为标准蛋白质，以减少这方面的偏差。② 去污剂、TritonX-100，SDS 和 0.1 mol/L 的 NaOH 可干扰此法。③ 标准曲线有轻微的非线性，因而不能用 Lambert-Beer 定律进行计算，而只能用标准曲线来测定未知蛋白质的浓度。

四、核酸的浓度测定、纯度测定和完整性鉴定

（一）核酸的浓度测定

核酸浓度的定量鉴定可通过紫外分光光度法与荧光光度法进行。

1. 紫外分光光度法

紫外分光光度法只用于测定浓度大于 0.25 μg/mL 的核酸溶液。在波长 260 nm 的紫外线下，1 个 *OD* 值的光密度大约相当于 50 μg/mL 的双链 DNA、38 μg/mL 的单链 DNA 或单链 RNA、33 μg/mL 的单链寡聚核苷酸。若 DNA 样品中含有盐，则会使 A_{260} 的读数偏高，尚需测定 A_{310} 以扣除背景，并以 A_{260} 与 A_{310} 的差值作为定量计算的依据。如双链 DNA(μg/mL) = A_{260} 光密度值×50×稀释倍数。

2. 荧光光度法

荧光光度法以核酸的荧光染料 EB 嵌入碱基平面后，使本身无荧光的核酸在紫外线激发下发出橙红色的荧光，且荧光强度积分与核酸含量成正比。该法灵敏度可达 1～5 ng，适合低浓度核酸溶液的定量分析。另外，SYBR Gold 作为一种新的超灵敏光染料，可以从琼脂糖凝胶中检出低于 20 pg 的双链 DNA。

（二）核酸的纯度测定

紫外分光光度法和荧光光度法，均可用于核酸的纯度鉴定。

1. 紫外分光光度法

紫外分光光度法主要通过 A_{260} 与 A_{280} 的比值来判定有无蛋白质的污染。在 TE 缓冲液中，纯 DNA 的 A_{260}/A_{280} 比值为 1.8，纯 RNA 的 A_{260}/A_{280} 比值为 2.0。比值升高与降低均表示不纯。其中蛋白质与在核酸提取中加入的酚均使该比值下降。判定是蛋白质的污染还是酚的污染可根据蛋白质的紫外线吸收峰在 280 nm、酚的紫外线吸收峰在 270 nm 进行鉴别。RNA 的污染可致 DNA 制品的 A_{260}/A_{280} 比值高于 1.8，故比值为 1.8 的 DNA 溶液不一定为纯的 DNA 溶液，可能兼有蛋白质、

酚与 RNA 的污染,需结合其他方法加以鉴定。A_{260}/A_{280} 的比值是衡量蛋白质污染程度的一个良好指标,2.0 是高质量 RNA 的标志。但要注意的是,由于受 RNA 二级结构不同的影响,其读数可能会有一些波动,一般在 1.8～2.1 范围都是可以接受的。另外,鉴定 RNA 纯度所用溶液的 pH 会影响 A_{260}/A_{280} 的读数。如 RNA 在水溶液中的 A_{260}/A_{280} 比值就比其在 Tris 缓冲液(pH 7.5)中的读数低 0.2～0.3。

2. 荧光光度法

用 EB 等荧光染料示踪的核酸电泳结果可用于判定核酸的纯度。由于 DNA 分子较 RNA 大许多,电泳迁移率低;而 RNA 中以 rRNA 最多,占到 80%～85%,tRNA 及核内低分子 RNA 占 15%～20%,mRNA 占 1%～5%。故总 RNA 电泳后可呈现特征性的三条带。在原核生物为明显可见的 23S、16S 的 rRNA 条带及由 5S 的 rRNA 与 tRNA 组成的相对有些扩散的快迁移条带。在真核生物为 28S、18S 的 rRNA 及由 55S、58S 的 rRNA 和 tRNA 构成的条带。mRNA 因量少且分子大小不一,一般是看不见的。通过分析以 EB 为示踪染料的核酸凝胶电泳结果,我们可以鉴定 DNA 制品中有无 RNA 的干扰,亦可鉴定在 RNA 制品中有无 DNA 的污染。

(三) 核酸的完整性鉴定

人们常用凝胶电泳法鉴定核酸的完整性,样品中核酸含量不足时,或样品中含有其他能吸收紫外线辐射的成分,妨碍 DNA 等的精确定量,可利用嵌入 DNA 中的 EB 分子受紫外线激发发射的荧光来进行测定。

第三节 提纯后的处理

一、影响生物大分子样品保存的主要因素

1. 空气

空气的影响主要是潮解、微生物污染和自动氧化。空气中微生物的污染可使样品腐败变质,样品吸湿后会引起潮解变性,同时也为微生物污染提供了有利的条件;某些样品与空气中的氧接触会自发引起游离基链式反应,还原性强的样品易氧化变质或失活,如维生素 C、巯基酶等。

2. 温度

每种生物大分子都有其稳定的温度范围，温度升高 10 ℃，氧化反应加快数倍，酶促化学反应增加 1～3 倍。因此通常绝大多数样品都是低温保存，以抑制氧化、水解等化学反应和微生物的生成。

3. 水分

水可以参加水解、酶解、水合和加合反应，从而加速样品氧化、聚合、解离和霉变。

4. 光照

某些生物大分子可以吸收一定波长的光，使分子活化，不利于样品保存，尤其是日光中的紫外线能量大，对生物大分子制品影响也大。样品受光催化的反应有变色、氧化和分解等，通称光化作用，因此样品通常都要避光保存。

5. pH

保存液态样品时要注意其稳定的 pH 范围，通常可从文献和手册中查得或做实验求得，因此正确选择保存液态样品的缓冲液的种类和浓度就显得十分重要。

6. 时间

生化样品不可能永久存活，不同的样品的有效期不同，因此，保存的样品必须写明日期，定期检查和处理。

二、样品的浓缩

生物高分子在制备过程中由于过柱纯化而使样品浓度变得很稀，往往需要浓缩。常用的浓缩方法有以下几种：

1. 减压加温蒸发浓缩

通过降低液面压力使液体蒸发。减压的真空度越高，蒸发越快。

2. 冷冻法

含蛋白质的溶液结冰后，在缓慢融化时，不含蛋白质的纯冰结晶浮在液面，蛋白质在下层溶液中。移去上层冰块，可得到蛋白质的浓缩液。

3. 固体吸收法

在含有生物高分子的溶液中加入吸水性凝胶，凝胶吸水而膨胀，离心沉淀凝胶可得到浓缩的溶液。

4. 透析法

先将生物高分子溶液装入透析袋，外加聚乙二醇，置于 4℃ 环境下，袋内水析出即被聚乙二醇迅速吸收，聚乙二醇被水饱和后要更换新的，直至生物高分子溶液达到较小的体积。

5. 超滤法

利用一种特别的薄膜，加压过滤或离心，水和低分子透过滤膜，生物高分子受阻保留。本法既可浓缩又可脱盐，条件温和，回收率高。

三、样品的干燥

真空干燥适用于不耐高温、易于氧化物质的干燥和保存，整个装置包括干燥器、冷凝器及真空泵 3 部分。干燥器内常放一些干燥剂如五氧化二磷、无水氯化钙等。冷冻真空干燥除利用真空干燥原理外，同时增加了温度因素。操作时先将待干燥的液体冷冻到 -40～-20 ℃，使之变成固体，然后在低温低压下将溶剂升华成气体而除去。这样既能在低温条件下保护样品在干燥过程中不会失活，又避免了液态样品在低压下因溶剂迅速气化而产生大量气泡。此法干燥后的产品具有疏松、溶解度好、保持天然结构等优点，适用于各类生物大分子的干燥保存。

四、蛋白质和酶等生物大分子样品的保存方法

1. 低温保存

由于多数蛋白质和酶对热敏感，通常 35 ℃以上就会失活，冷藏于冰箱一般只能保存 1 周左右，而且蛋白质和酶纯度越高越不稳定，溶液状态比固态不稳定。因此通常保存温度在 -20～-5 ℃，如能在 -70 ℃下保存则最为理想。极少数酶可以耐热，如核糖核酸酶可以短时煮沸；胰蛋白酶在稀 HCl 中可以耐受 90 ℃；蔗糖酶在 50～60 ℃可以保持 15～30 min 不失活。还有少数酶对低温敏感，如丙酮酸羧化酶在 25 ℃左右稳定，低温下会失活；过氧化氢酶要在 0～4 ℃保存，冰冻则失活；羧肽酶反复冻融会失活等。

2. 干粉或结晶保存

蛋白质和酶固态比在溶液中要稳定得多。固态干粉制剂放在干燥剂中可长期保存，例如葡萄糖氧化酶干粉在 0 ℃下可保存 2 年，-15 ℃下可保存 8 年。酶和蛋白质含水量大于 10%(体积分数)时，室温和低温下均易失活；含水量小于 5%(体积分数)时，37 ℃下活性会下降；如要抑制微生物活性，含水量要小于 10%(体积分数)；抑制化学活性，含水量要小于 3%(体积分数)。此外要特别注意酶在冻干时往往会部分失活。

3. 保护剂保存

在无菌条件下，室温保存了 45 年的血液，血红蛋白仅有少量改变，许多酶仍保留了部分活性，这是因为血液中含有蛋白质，可以起到稳定的作用，为了长期保存

蛋白质和酶，常常要加入某些稳定剂。如：① 惰性的生化或有机物质如糖类、脂肪酸、牛血清白蛋白、氨基酸、多元醇等，以保持稳定的疏水环境。② 中性盐有一些蛋白质要求在高离子强度（1～4 mol/L 或饱和的盐溶液）的极性环境中才能保持活性。最常用的是 $MgSO_4$、NaCl、$(NH_4)_2SO_4$ 等，使用时要脱盐。③ 一些蛋白质和酶的表面或内部含有半胱氨酸巯基，易被空气中的氧缓慢氧化为磺酸或二硫化物而变性，保存时可加入半胱氨酸或巯基乙醇。

五、核酸的保存

核酸的结构与性质相对稳定，无需每次制备新鲜的核酸样品，且一次性制备的核酸样品往往可以满足多次实验研究的需要，因此有必要探讨核酸的储存环境与条件。与分离纯化一样，DNA 与 RNA 的保存条件也因性质不同而相异。

1. DNA 的保存

对于 DNA 来讲，溶于 TE 缓冲液中可在 −70 ℃环境中储存数年。其中 TE 的 pH 为 8，可以减少 DNA 的脱氨反应，而 pH 低于 7.0 时 DNA 容易变性；DNA 作为 2 价金属离子的螯合剂，通过螯合 Mg^{2+}、Ca^{2+} 等 2 价金属离子以抑制 DNA 酶的活性；低温条件则有利于减少 DNA 分子的各种反应；双链 DNA 因结构上的特点而具有很大的惰性，常规 4 ℃亦可保存较长时间；在 DNA 样品中加入少量氯仿，可以有效避免细菌与核酸的污染。质粒 DNA 的保存可将质粒溶于 TE 中，4 ℃短期保存，−20 ℃或 −70 ℃长期保存。也可在含有质粒的细菌培养液中加入等体积的甘油或 7%的 DMSO，−70 ℃长期保存。

2. RNA 的保存

RNA 可溶于 0.3 mol/L 的醋酸钠溶液或消毒的双蒸水中，−80～−70 ℃保存。若以焦碳酸二乙酯水溶解 RNA，或者在 RNA 溶液中加入 RNase 阻抑蛋白（RNasin）或氧钒核糖核苷复合物（VRC），则可通过抑制 RNase 对 RNA 的降解而延长保存时间。另外，RNA 沉淀溶于 70%的乙醇溶液或去离子的甲酰胺溶液中，可于 −20℃长期保存。其中，甲酰胺溶液能避免 RNase 对 RNA 的降解，而且 RNA 极易溶于甲酰胺溶液，其浓度可高达 4 mg/mL。需要注意的是，这些所谓 RNase 抑制剂或有机溶剂的加入，只是一种暂时保存的需要，如果它们对后继的实验研究与应用有影响，则必须予以去除。

由于反复冻融产生的机械剪切力对 DNA 与 RNA 核酸样品均有破坏作用，在实际操作中，核酸的小量分装是十分必要的。

第三章　分光光度技术——测定物质的吸收光谱

利用紫外光、可见光、红外光和激光等测定物质的吸收光谱，用此吸收光谱对物质进行定性定量分析和物质结构分析的方法，称为分光光度法或分光光度技术。使用的仪器称为分光光度计。分光光度计灵敏度高，测定速度快，应用范围广，其中的紫外-可见分光光度技术更是生物化学和分子生物学研究中必不可少的基本手段之一。

第一节　分光光度技术的基本原理

一、光的基本性质

光是由光量子组成的，具有二重性，即不连续的微粒和连续的波动性。波长和频率是光的波动性特征，可用下式表示：

$$\lambda = \frac{C}{V}$$

式中，λ 为波长，具有相同振动相位的相邻两点间的距离叫波长；V 为频率，即每秒钟的振动次数；C 为光速，等于 299 770 km/s。光属于电磁波，自然界中存在各种不同波长的电磁波，电磁波按照频率大小，从频率最低的无线电波到频率最高的 γ 射线排成一列，即组成电磁波的波谱，分光光度法所使用的光谱范围为 200 nm～10 μm(1 μm = 1 000 nm)。其中，200～400 nm 为紫外光区，400～760 nm 为可见光区，760～10 000 nm 为红外光区。

二、光吸收的基本定律

光吸收的基本定律——朗伯-比尔(Lambert-Beer)定律是比色分析的基本原

理，这个定律是有色溶液对单色光的吸收程度与溶液及液层厚度间的定量关系。此定律是由朗伯定律和比尔定律归纳而得。公式为

$$A = \lg \frac{1}{T} = \varepsilon b C$$

式中，A 为吸光度（消光度或光密度），是表示光线被吸收情况的量度，吸光度与被测溶液的浓度（C）、溶液的厚度或光程（b）的乘积成正比。此关系即为 Lambert-Beer 定律，简称 Beer 定律。ε 为摩尔吸收系数（即溶液浓度为 1 mol/L，光程为 1 cm 时，某一波长下的吸光度），为一常数，ε 值是任何物质在特定波长下吸收光线能力的指标，吸收定律是紫外和可见吸收光度分析法进行定量分析的理论基础，必须对它的意义和使用条件有充分的认识和正确的理解。为此，应该着重指出：

（1）必须是在使用适当波长的单色光为入射光的条件下，吸收定律才成立。单色光越纯，吸收定律越准确。

（2）并非任何浓度的溶液都遵守吸收定律，稀溶液（$10^{-5} \sim 10^{-4}$ mol/L）都遵守吸收定律，浓度过大的溶液将产生偏离。

（3）吸收定律能够用于那些彼此不相互作用的多组分的溶液，它们的吸光度具有加合性。

第二节　分光光度计的基本构造

分光光度计能从混合光中将各种单色光分离出来，并测量其波长及强度，通过分析经溶液吸收后的透射光强度来鉴定物质的性质和含量。根据使用的波长范围不同，分光光度计分为紫外、可见光、红外和万用（全波段）等类型，各种类型的分光光度计大同小异，其基本组成包括：光源、单色光器、比色杯（吸收池）、检测器、显示器（图 1.3.1）。

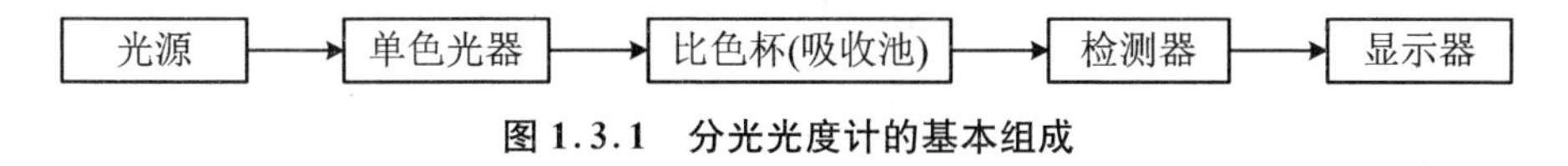

图 1.3.1　分光光度计的基本组成

1. 光源

必须具有稳定的、有足够强度的连续光谱，并经聚光镜使光源成为平行光。分光光度计常用的光源有两种：钨灯和氢灯。钨灯（普通白炽灯）可以用来提供可见光的光源，其可应用的光谱范围为 320～2 500 nm，为保证光源稳定，常常装配稳压电源。常用的氢灯有低压氢灯，配石英窗，可以用来提供紫外光的光源，光谱范围

为 180～375 nm(实际上只用于 360 nm 以下)。氢灯灯丝需预热，点燃后灯丝停止加热，故需配有以热开关控制的专用稳压器。

2. 单色光器

单色光器是把混合光波分解为单一波长光的装置。在分光光度计中多用棱镜或者光栅作为色散元件。

(1) 棱镜：光波通过棱镜时，不同波长的光折射率不同。波长越短，传播速度越慢，折射率也越大；反之，波长越长，传播速度越快，折射率越小。因而能将不同波长的光分开。棱镜由玻璃或石英制成，形状和用法在不同仪器上可有不同。

(2) 光栅：在石英或玻璃的表面上刻划许多平行线，由于刻线处不透光，通过光的干涉和衍射使较长的光波偏折角度大，较短的光波偏折角度小，因而形成光谱。

3. 比色杯(吸收池)

盛装待测定溶液的容器称为比色杯(图 1.3.2)，又称比色皿，一般由透明玻璃制成，吸收紫外光的用石英制成。比色杯的形状多为方形，其大小决定光线通过液层的厚度(L)，有各种不同容量和光程规格，常用的是光径为 10 mm 的比色杯。

图 1.3.2 比色杯

若要求分析的准确度高，则需要用配对的比色杯(配对标准以读数相对偏差 < 2%)，一般可固定使用，以消除误差。比色杯上的指纹、油污以及壁上的沉积物都会显著地影响其透光性。比色杯的维护应注意下列几点：不要使比色杯的光学面接触硬物，以免产生划痕，任何划痕都会导致严重的误差；测定结束后，不要残留溶液于池内，特别注意蛋白质和核酸溶液会牢固地黏于池壁；擦拭比色杯必须用软绸缎布或擦镜纸，以免造成光学面的永久性擦伤。

4. 检测器

检测器的主要作用是接受透射光信号，以转换成电能，其电流大小与入射光强度成正比，产生的电流经放大后由测量仪表以吸光度或透光度读出。常用的检测器有下列3种类型：

(1) 光电池：通常用硒光电池或阻挡层光电池。因光电流大，无须放大，但有疲劳现象，使用中应注意。

(2) 光电管：在阴极涂有不同光敏的金属，故有不同规格，光电流小，需放大才能检测。

(3) 光电倍增管：在光电管的阳极和阴极之间装有许多放大极，能增加阴极发射的电子总数，使产生电流较一般光电管约大200万倍，可大大提高灵敏度。

5. 显示器

显示器是测定光电池或光电管产生电流大小的装置。其灵敏度较高。一般常用的紫外光和可见光分光光度计有3种测量装置，即电流表、记录器和数字示值读数单元。现代的仪器常附有自动记录器，可自动描出吸收曲线。

第三节　常用分光光度计的使用方法

一、基本操作步骤

(1) 开启仪器：插上电源，打开开关，打开试样室盖，按“A/T/C/F”键，选择“T%”状态，选择测量所需波长，预热30 min。

(2) 调零：开始测量时要先调节仪器的零点，方法为：保持在“T%”状态，打开试样室盖，屏幕应显示“000.0”，如否，按“0%”键，当关上试样室盖时，屏幕应显示“100.0”，如否，按“OA/100%”键，重复2～3次，仪器本身的零点即调好，可以开始测量。

(3) 装样：用参比液润洗一个比色皿，装样到比色皿的3/4处(必须确保光路通过被测样品中心)，用吸水纸吸干比色皿外部所沾的液体，将比色皿的光面对准光路放入比色皿架，用同样的方法将所测样品装到其余的比色皿中并放入比色皿架中。

(4) 检测：将装有参比液的比色皿拉入光路，关上试样室盖，按“A/T/C/F”键，调到“Abs”，按“OA/100%”键，屏幕显示“0.000”，将其余测试样品一一拉入光路，记下测量数值即可(不可用力拉动拉杆)。

(5) 结束:测量完毕后,将比色皿清洗干净(最好用乙醇清洗),擦干,放回盒子,关上开关,拔下电源,罩上仪器罩,并打扫完卫生才可离开。

二、操作注意事项

(1) 本操作要点只针对测量吸光度而言。

(2) 仪器使用前需开机预热 30 min。

(3) 开关试样室盖时动作要轻缓,不要在仪器上方倾倒测试样品,以免样品污染仪器表面,损坏仪器。一定要将比色皿外部所沾样品用擦镜纸擦干净,才能放进比色皿架进行测定。

第四节 分光光度法在生物化学和分子生物学实验技术中的应用

分光光度计一般用于吸光度测定和吸收光谱的扫描,从而对溶液中的物质进行定性定量分析。在生化实验中主要用于氨基酸、蛋白质、核酸等物质含量的测定,生物高分子的鉴定,酶活力测定以及酶促反应动力学的研究等。

一、溶液的定性分析

用分光光度计检测数据可以绘制吸收光谱曲线(图 1.3.3)。

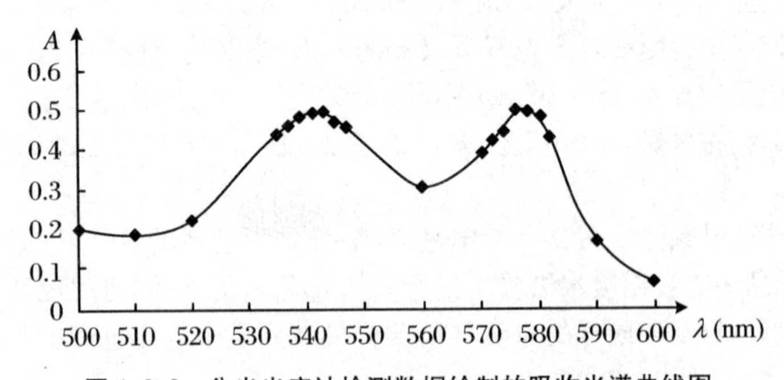

图 1.3.3 分光光度计检测数据绘制的吸收光谱曲线图

绘制吸收光谱曲线的方法是用各种不同波长的单色光分别通过某一浓度的溶液,测定此溶液对每一种单色光的吸光度,然后以波长为横坐标,以吸光度为纵坐标绘制吸光度(A)-波长曲线，此曲线即吸收光谱曲线。每种物质都有特定的吸收光谱曲线，因此用吸收光谱曲线图可以进行物质种类的鉴定。当一种未知物质的吸收光谱曲线和某一已知物质的吸收光谱曲线一样时，则它们很可能是同一物质。一定物质在不同浓度时，其吸收光谱曲线中峰值的大小不同，但形状相似，即吸收高峰和低峰的波长是不变的。紫外线吸收是由不饱和的结构造成的，含有双键的化合物表现出吸收峰。紫外吸收光谱比较简单，同一种物质的紫外吸收光谱应完全一致，但具有相同吸收光谱的化合物的结构不一定相同。除特殊情况外，不能单独依靠紫外吸收光谱决定一个未知物结构，必须与其他方法配合。紫外吸收光谱分析主要用于已知物质的定量分析和纯度分析。

二、测定溶液中物质的含量

可见或紫外分光光度法都可用于测定溶液中物质的含量。具体来说有两种方法：

1. 标准管法

设同一物质的两种不同浓度的溶液，其浓度分别为 C_1、C_2，盛在相同厚度的比色杯中，透光厚度 b 相同。用同一个单色光源测得其吸光度分别为 A_1 和 A_2，则有

$$A_1 = \varepsilon bC_1;\quad A_2 = \varepsilon bC_2$$

两式相除得

$$\frac{A_1}{A_2} = \frac{C_1}{C_2}\quad \text{或}\quad C_1 = \frac{A_1}{A_2} \times C_2$$

此式为吸光度的计算公式，其意义为：同一物质的两种不同浓度的溶液，盛于相同厚度的比色杯中，用同一单色光源照射时，两溶液的吸光度之比与两溶液的浓度之比相等。式中，A_1 和 A_2 都为实验数据，是已知的，设 C_2 为标准溶液，其数据也是已知的，则待测溶液的浓度 C_1 即可求出。

2. 标准曲线法(查表法)

根据 Lamber-Beer 定律，在分光光度计的测定范围内，可配制一系列已知不同浓度的标准溶液，在特定波长条件下由光度计分别测出它们的吸光度值。以 A 为纵坐标，相应的溶液浓度(C)为横坐标，在坐标纸上可作出一条吸光度与浓度成正比通过原点的直线，称作标准曲线(图 1.3.4)，也称为工作曲线、C-A 曲线。按相同条件处理的未知溶液(与标准溶液同质)，只要测得其吸光度值，即可由标准曲线查出相应的浓度值。

标准曲线法比标准管法精确，它可以消除由于种种原因所引起的偏离吸收定律而造成的误差，并可判别待测溶液使用的测定浓度范围。虽然制作标准曲线比

较费时,但对于成批样品的测定却有简便省时的优点。所以,在实际工作中,人们一般广泛应用这种方法。

在分光光度分析中,吸光度的测量通常都在对应于吸收峰的波长处(λ_{max})进行,因为在此处每单位浓度所改变的吸光度值最大,因此,可得到最大的测量灵敏度。同时,吸收曲线在这个区域常常是平坦的,吸光度随波长的变化最小,可以得到最佳的测量精度。

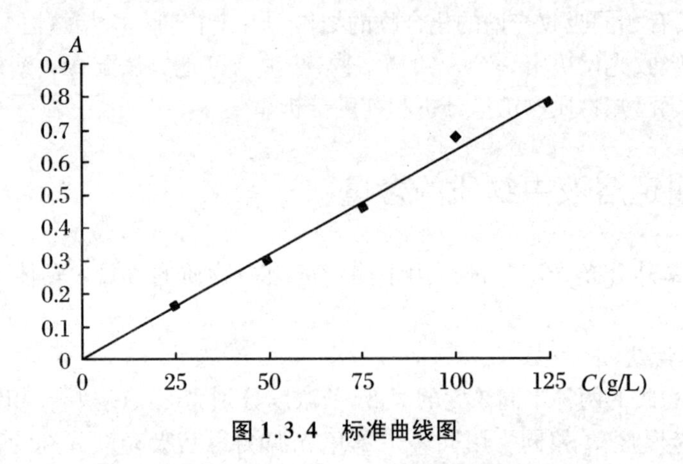

图 1.3.4 标准曲线图

为了避免来自其他吸收物质的干扰,对于某种特殊的分析也可选用非峰值的波长。在这种情况下,如果可能的话,应选择一个吸收系数随波长的变化改变不太大的区域。

第四章　电泳技术——有效分离带电粒子

带电颗粒在电场中朝异性电极方向移动的现象称作电泳。电泳可直接在缓冲溶液中进行，这称作自由界面电泳(moving boundary electrophoresis)；也可以在固体支持物上进行，使待测样品组分被分离成移动速度不同的区带，以达到分离或制备的目的，这称作区带电泳(zone electrophoresis)。

第一节　电泳技术的形成和发展

1809年，俄国物理学家Рейсе首次发现电泳现象。他在湿黏土中插上带玻璃管的正、负两个电极，加电压后发现正极玻璃管中原有的水层变混浊，即带负电荷的黏土颗粒向正极移动，这就是电泳现象。

1909年，Michaelis首次将胶体离子在电场中的移动称为电泳。他用不同pH的溶液在U形管中测定了转化酶和过氧化氢酶的电泳移动和等电点。

1937年，瑞典人Tiselius对电泳仪器作了改进，创造了Tiselius电泳仪，建立了研究蛋白质的移动界面电泳方法，并首次证明了血清是由白蛋白及α-球蛋白、β-球蛋白、γ-球蛋白组成的。由于在电泳技术方面做出的开拓性贡献，Tiselius获得了1948年的诺贝尔化学奖。

1948年，Wieland和Fischer重新发展了以滤纸作为支持介质的电泳方法，对氨基酸的分离进行了研究。

从20世纪50年代起，特别是1950年，Durrum用纸电泳进行了各种蛋白质的分离以后，开创了利用各种固体物质(如各种滤纸、醋酸纤维素薄膜、琼脂凝胶、淀粉凝胶等)作为支持介质的区带电泳方法。1959年，Raymond和Weintraub利用人工合成的凝胶作为支持介质，创建了聚丙烯酰胺凝胶电泳，极大地提高了电泳技术的分辨率，开创了近代电泳的新时代。多年来，聚丙烯酰胺凝胶电泳仍是生物化学和分子生物学研究中对蛋白质、核酸等生物大分子使用最普遍、分辨率最高的分析鉴定技术,是检验生化物质的最高纯度,即“电泳纯”(一维电泳一条带或二维电泳一个点)的标准分析鉴定方法,至今仍被人们称为是对生物大分子进行分析鉴定的最准确的手段。

由20世纪80年代发展起来的新的毛细管电泳技术,是化学和生化分析鉴定技术的新发展,已受到人们的高度重视。

电泳技术具有设备简单、操作方便、分辨率高等优点,目前已成为生物化学和分子生物学以及与其相关的医学、农、林、牧、渔、制药及某些工业分析中必不可少的手段。

第二节 基本原理和影响泳动率的因素

一、基本原理

电泳是指带电颗粒在电场的作用下发生迁移的过程。许多重要的生物分子,如氨基酸、多肽、蛋白质、核苷酸、核酸等都具有可电离基团,它们在某个特定的pH下可以带正电或负电,在电场的作用下,这些带电分子会向着与其所带电荷相反的电极方向移动。电泳技术就是在电场的作用下,由于待分离样品中各种分子带电性质以及分子本身大小、形状等性质的差异,使带电分子产生不同的迁移速度,从而对样品进行分离、鉴定或提纯的技术。

电泳过程必须在一种支持介质中进行,Tiselius等在1937年进行的自由界面电泳没有固定的支持介质,所以扩散和对流都比较强,影响分离效果。于是出现了固定支持介质的电泳,样品在固定的介质中进行电泳过程,减少了扩散和对流等干扰作用。最初的支持介质是滤纸和醋酸纤维素膜,目前这些介质在实验室应用得较少。在很长一段时间里,小分子物质如氨基酸、多肽、糖等通常用以滤纸或纤维素、硅胶薄层平板为介质的电泳进行分离、分析,但目前则一般使用更灵敏的技术如HPLC等来进行分析。这些介质适合于分离小分子物质,操作简单、方便。但对于复杂的生物大分子则分离效果较差。凝胶作为支持介质的引入大大促进了电泳技术的发展,使电泳技术成为分析蛋白质、核酸等生物大分子的重要手段之一。人们最初使用的凝胶是淀粉凝胶,但目前使用得最多的是琼脂糖凝胶和聚丙烯酰胺凝胶。蛋白质电泳主要使用的是聚丙烯酰胺凝胶。

带电分子由于各自的电荷和形状大小不同,因而在电泳过程中具有不同的迁移速度,形成了依次排列的不同区带而被分开。即使两个分子具有相似的电荷,如果它们的分子大小不同，它们所受的阻力就不同，因此迁移速度也不同，在电泳过程中就可以被分离。有些类型的电泳几乎完全依赖于分子所带的电荷不同进行分离，如等电聚焦电泳。而有些类型的电泳则主要依靠分子大小的不同即电泳过程中产生的阻力不同而得到分离，如SDS-聚丙烯酰胺凝胶电泳。分离后的样品可通过各种方法染色，如果样品有放射性标记，则可以通过放射性自显影等方法进行检测。

二、影响泳动率的主要因素

影响电泳分离的因素很多，下面主要讨论一些主要的影响因素。

1. 待分离生物大分子的性质

待分离生物大分子所带的电荷、分子大小和性质都会对电泳有明显影响。一般来说，分子带的电荷量越大、直径越小、形状越接近球形，其电泳迁移速度越快。

2. 缓冲液的性质

缓冲液的pH会影响待分离生物大分子的解离状态，从而对其带电性质产生影响。溶液pH距离等电点越远，其所带净电荷量就越大，电泳的速度也就越快，尤其对于蛋白质等两性分子，缓冲液pH还会影响到其电泳方向，当缓冲液pH大于蛋白质分子的等电点，蛋白质分子带负电荷，其电泳的方向指向正极。为了保持电泳过程中待分离生物大分子的电荷以及缓冲液pH的稳定性，缓冲液通常要保持一定的离子强度，一般在0.02～0.2 mol/L，离子强度过低，则缓冲能力差，但如果离子强度过高，会在待分离分子周围形成较强的带相反电荷的离子扩散层，由于离子扩散层与待分离分子的移动方向相反，它们之间产生了静电引力，从而引起电泳速度降低。另外缓冲液的黏度也会对电泳速度产生影响。

3. 电场强度

电泳中的电场强度越大，电泳速度越快。但增大电场强度会引起通过介质的电流强度增大，从而造成电泳过程产生的热量增大。电流所做的功绝大部分转换为热，从而引起介质温度升高，这会对电泳过程造成很大影响，主要包括：① 样品和缓冲离子扩散速度增加，引起样品分离带的加宽。② 产生对流，引起待分离物的混合。③ 如果样品对热敏感，会引起蛋白变性。④ 引起介质黏度降低、电阻下降等。由于电泳中产生的热是由中心向外周散发的，所以介质中心的温度一般要高于外周，尤其是管状电泳，由此引起中央部分介质相对于外周部分黏度下降，摩擦系数减小，电泳迁移速度增大，由于中央部分的电泳速度比边缘快，所以电泳分离带呈“弓”形。降低电流强度可以减小产热，但会延长电泳时间，引起待分离生物大分子扩散的增加而影响分离效果。所以电泳实验中要选择适当的电场强度，同时可以适当冷却、降低温度以获得较好的分离效果。

4. 电渗

电渗现象是指液体在电场中，对于固体支持介质的相对移动。由于支持介质表面可能会存在一些带电基团，如滤纸表面通常会有一些羧基，琼脂糖可能会含有一些硫酸基，而玻璃表面通常有 Si—OH 基团等。这些基团电离后会使支持介质表面带电，吸附一些带相反电荷的离子，在电场的作用下向电极方向移动，形成介质表面溶液的流动，这种现象就是电渗。在 pH 高于 3.0 时，玻璃表面带负电，吸附溶液中的正电离子，引起玻璃表面附近溶液层带正电荷，在电场的作用下，向负极迁移，带动电极液产生向负极的电渗流。如果电渗方向与待分离分子电泳方向相同，可加快电泳速度；如果相反，则会降低电泳速度。

5. 支持介质的筛孔

支持介质的筛孔大小对待分离生物大分子的电泳迁移速度有明显的影响。待分离生物大分子在筛孔大的介质中泳动速度快，反之，泳动速度慢。

近年兴起的毛细管电泳可不用支持物，并可和检测装置连接使用。此外，借助两性电解质的等电聚焦，电泳和免疫技术结合的免疫电泳也是电泳的常用技术。

第三节 电泳技术的分类

一、电泳的分类

(1) 按分离的原理不同可分为：

① 区带电泳：电泳过程中，待分离的各组分分子在支持介质中被分离成许多条明显的区带，这是当前应用最为广泛的电泳技术。

② 自由界面电泳：在 U 形管中进行电泳，无支持介质，因而分离效果差，现已被其他电泳技术所取代。

③ 等速电泳：需使用专用电泳仪，当电泳达到平衡后，各电泳区带相随，分成清晰的界面，并以等速向前运动。

④ 等电聚焦电泳：由两性电解质在电场中自动形成 pH 梯度，当被分离的生物大分子移动到各自等电点的 pH 处聚集成很窄的区带。

(2) 按支持介质的种类不同可分为：纸电泳、醋酸纤维薄膜电泳、琼脂糖凝胶电泳、聚丙烯酰胺凝胶电泳(PAGE)、SDS-聚丙烯酰胺凝胶电泳(SDS-PAGE)。

(3) 按支持介质的形状不同可分为：薄层电泳、板电泳、柱电泳。

(4) 按用途不同可分为：分析电泳、制备电泳、定量免疫电泳、连续制备电泳。

(5) 按所用电压不同可分为：

① 低压电泳：电压在 100～500 V，电泳时间较长，适于分离蛋白质等生物大分子。

② 高压电泳：电压在 1 000～5 000 V，电泳时间短，有时只需几分钟，多用于氨基酸、多肽、核苷酸和糖类等小分子物质的分离。

二、生物化学和分子生物学实验中常用的电泳

1. 醋酸纤维薄膜电泳

醋酸纤维薄膜电泳与纸电泳相似，只是换用了醋酸纤维薄膜作为支持介质。将纤维素的羟基乙酰化为醋酸酯，溶于丙酮后涂布成有均一细密微孔的薄膜，厚度为 0.1～0.15 mm。

醋酸纤维薄膜电泳与纸电泳相比有以下优点：① 醋酸纤维薄膜对蛋白质样品吸附极少，无“拖尾”现象，染色后蛋白质区带更清晰。② 快速省时，由于醋酸纤维薄膜亲水性比滤纸小，吸水少，电渗作用小，电泳时大部分电流由样品传导，所以分离速度快，电泳时间短，完成全部电泳操作只需 90 min 左右。③ 灵敏度高，样品用量少；血清蛋白电泳仅需 2 μL 血清，点样量甚至低至 0.1 μL，仅含 5 μg 的蛋白样品也可以得到清晰的电泳区带。④ 应用面广，可用于那些纸电泳不易分离的样品，如胎儿甲种球蛋白、溶菌酶、胰岛素、组蛋白等。⑤ 醋酸纤维薄膜电泳染色后，用乙酸、乙醇混合液浸泡后可制成透明的干板，有利于光密度计和分光光度计扫描定量及长期保存。

由于醋酸纤维薄膜电泳操作简单、快速、价廉，目前已广泛用于分析检测血浆蛋白、脂蛋白、糖蛋白、胎儿甲种球蛋白、体液、脊髓液、脱氢酶、多肽、核酸及其他生物大分子，为心血管疾病、肝硬化及某些癌症的鉴别诊断提供了可靠的依据，因而已成为医学和临床检验的常规技术。

2. 琼脂糖凝胶电泳

琼脂糖是从琼脂中提纯出来的，主要由 D-半乳糖和 3,6-脱水-L-半乳糖连接而成。在缓冲溶液中加入适量琼脂糖，配制成浓度为 1%～3%的溶液，加热煮沸至溶液变为澄清，注入模板后室温下冷却凝聚即成琼脂糖凝胶。琼脂糖之间以分子内和分子间氢键形成较为稳定的交联结构，这种交联结构使琼脂糖凝胶有较好的抗对流性质。琼脂糖凝胶的孔径可以通过琼脂糖的最初浓度来控制，低浓度的琼脂糖形成较大的孔径，而高浓度的琼脂糖形成较小的孔径。尽管琼脂糖本身没有电荷，但一些糖基可能会被羧基、甲氧基特别是硫酸根不同程度地取代，使得琼脂

糖凝胶表面带一定的电荷,引起电泳过程中发生电渗以及样品和凝胶间的静电相互作用,影响分离效果。

琼脂糖凝胶可以用于蛋白质和核酸的电泳支持介质,尤其适合于核酸的提纯、分析。如浓度为1%的琼脂糖凝胶的孔径对于蛋白质来说是比较大的,对蛋白质的阻碍作用较小,这时蛋白质分子大小对电泳迁移率的影响相对较小,所以适用于一些忽略蛋白质大小而只根据蛋白质天然电荷来进行分离的电泳技术,如免疫电泳、平板等电聚焦电泳等。琼脂糖也适合于DNA、RNA分子的分离、分析。由于DNA、RNA分子通常较大,所以在分离过程中会存在一定的摩擦阻碍作用,这时分子的大小会对电泳迁移率产生明显影响。例如对于双链DNA,电泳迁移率的大小主要与DNA分子大小有关,与碱基排列顺序及组成无关。另外,一些低熔点的琼脂糖(熔点为62~65 ℃)可以在65 ℃时熔化,因此其中的样品如DNA可以重新溶解到溶液中回收。由于琼脂糖凝胶的弹性较差,难以从小管中取出,所以一般琼脂糖凝胶不适合于管状电泳。琼脂糖凝胶通常是制成水平式板状凝胶,用于等电聚焦、免疫电泳等蛋白质电泳以及DNA、RNA的分析,而垂直式电泳应用得相对较少。

3. 十二烷基硫酸钠-聚丙烯酰胺凝胶电泳(SDS-PAGE)

SDS-PAGE是最常用的定性分析蛋白质的电泳方法,特别是用于蛋白质纯度检测和测定蛋白质分子量。

SDS-PAGE是在要电泳的样品中加入含有SDS和β-巯基乙醇的样品处理液,SDS为十二烷基磺酸钠,是一种阴离子表面活性剂,它可以断开分子内和分子间的氢键,破坏蛋白质分子的二级和三级结构,强还原剂β-巯基乙醇可以断开半胱氨酸残基之间的二硫键,破坏蛋白质的空间结构。电泳样品加入样品处理液后,要在沸水浴中煮3~5 min,使SDS与蛋白质充分结合,以使蛋白质完全变性和解聚,并形成棒状结构。SDS与蛋白质结合后使蛋白质-SDS复合物上带有大量的负电荷,平均每两个氨基酸残基结合一个SDS分子,这时各种蛋白质分子本身的电荷完全被SDS掩盖。这样就消除了各种蛋白质本身电荷上的差异。样品处理液中通常还加入溴酚蓝染料,用于控制电泳过程。另外样品处理液中也可加入适量的蔗糖或甘油以增大溶液密度,使样品溶液可以沉入样品凹槽底部。

制备凝胶时首先要根据待分离样品的情况选择适当的分离胶浓度,例如人们通常使用的15%的聚丙烯酰胺凝胶分离的分子量范围是1.0×10^4~1.0×10^5,分子量小于1.0×10^4的蛋白质可以不受孔径的阻碍而通过凝胶,而分子量大于1.0×10^5的蛋白质则难以通过凝胶孔径,这两种情况的蛋白质都不能得到分离。所以如果要分离较大的蛋白质,需要使用低浓度如10%或7.5%的凝胶(孔径较大);而分离较小的蛋白质时,使用较高浓度的凝胶(孔径较小)可以得到更好的分离效果。分离胶聚合后，通常在上面加上一层浓缩胶(厚约 1cm)，并在浓缩胶上插入样品梳，形成上样凹槽。浓缩胶是低浓度的聚丙烯酰胺凝胶，由于浓缩胶具有较大的孔径(丙烯酰胺浓度通常为 3%～5%)，各种蛋白质都可以不受凝胶孔径阻碍而自由通过。浓缩胶 pH 较低(通常 pH = 6.8)，用于样品进入分离胶前将样品浓缩成很窄的区带。浓缩胶聚合后取出样品梳，上样后即可通电开始电泳。

PAGE 和 SDS-PAGE 有两种系统，即只有分离胶的连续系统和有浓缩胶与分离胶的不连续系统，不连续系统中最典型、国内外均广泛使用的是著名的 Ornstein-Davis 高 pH 碱性不连续系统，其浓缩胶的丙烯酰胺浓度为 4%，pH = 6.8；分离胶的丙烯酰胺浓度为 12.5%，pH = 8.8。电极缓冲液的 pH = 8.3，用 Tris、SDS 和甘氨酸配制。配胶的缓冲液用 Tris、SDS 和 HCl 配制。

样品在电泳过程中首先通过浓缩胶，在进入分离胶前由于等速电泳而被浓缩。这是由于在电泳缓冲液中主要存在三种阴离子：Cl^-、甘氨酸阴离子以及蛋白质-SDS 复合物。在浓缩胶的 pH 下，甘氨酸只有少量的电离，所以其电泳迁移率最小，而 Cl^- 的电泳迁移率最大。在电场的作用下，Cl^- 最初的迁移速度最快，这样在 Cl^- 后面形成低离子浓度区域，即低电导区，而低电导区会产生较高的电场强度，因此 Cl^- 后面的离子在较高的电场强度作用下会加速移动。达到稳定状态后，Cl^- 和甘氨酸之间会形成稳定移动的界面。而蛋白质-SDS 复合物由于相对量较少，聚集在甘氨酸和 Cl^- 的界面附近而被浓缩成很窄的区带(可以被浓缩 300 倍)，所以在浓缩胶中 Cl^- 是快离子(前导离子)，甘氨酸是慢离子(尾随离子)。

当甘氨酸到达分离胶后，由于分离胶的 pH 较高(通常 pH = 8.8)，甘氨酸解离度加大，电泳迁移速度变大并超过蛋白质-SDS 复合物，甘氨酸和 Cl^- 的界面很快超过蛋白质-SDS 复合物。这时蛋白质-SDS 复合物在分离胶中以本身的电泳迁移速度进行电泳，向正极移动。由于蛋白质-SDS 复合物在单位长度上带有相等的电荷，所以它们以相等的迁移速度从浓缩胶进入分离胶。进入分离胶后，由于聚丙烯酰胺的分子筛作用，小分子的蛋白质可以通过凝胶孔径，阻力小，迁移速度快；大分子蛋白质则会受到较大的阻力而被滞后，这样蛋白质在电泳过程中就会根据其各自分子量的大小而被分离。溴酚蓝指示剂分子较小，可以自由通过凝胶孔径，所以它显示了电泳的前沿位置。当指示剂到达凝胶底部时，停止电泳，从平板中取出凝胶。在适当的染色液中(如通常使用考马斯亮蓝)染色数小时，而后过夜脱色。脱色液去除凝胶中未与蛋白结合的背底染料，这时就可以清晰地观察到凝胶中被染色的蛋白质区带。通常凝胶制备需要 1～1.5 h，电泳在 25～30 mA 下通常需要 3 h，染色 2～3 h，而后过夜脱色。通常使用的垂直平板电泳可以同时进行多个样品的电泳。

SDS-PAGE 还可以用于未知蛋白分子量的测定，在同一凝胶上对一系列已知分子量的标准蛋白及未知蛋白进行电泳，测定每个的标准蛋白的电泳距离(或迁移率)，并对各自分子量的对数($\lg M_r$)作图，即得到标准曲线。测定未知蛋白质的电泳距离(或迁移率)，通过标准曲线就可以求出未知蛋白的分子量。

SDS-PAGE 经常应用于蛋白质提纯过程中纯度的检测，纯化的蛋白质通常在 SDS 电泳上只有一条带，但如果蛋白质是由不同的亚基组成的，它在电泳中可能会形成分别对应于各个亚基的几条带。SDS-PAGE 具有较高的灵敏度，一般只需要不到 μg 量级的蛋白质，而且通过电泳还可以同时得到关于分子量的情况，这些信息对于了解未知蛋白及设计提纯过程都是非常重要的。

第五章　离心技术——利用离心场沉降高分子

离心技术是利用离心机高速旋转时所产生的强大离心力，使离心管中沉降系数或浮力密度不同的物质发生沉降或漂浮，从而使之分离、浓缩和提纯的一项操作技术。它用于连续地或成批地分离悬浮液中的细胞或粒子，如各种细胞、病毒、核酸、蛋白质、脂质等，并能确定大分子在离心场中的物理特性参数。离心技术也用于分离细胞器，如细胞核、线粒体、叶绿体、高尔基体、内质网、核蛋白体等。利用离心技术和显微技术还能研究细胞中某些特殊组分的形态、化学组成和生理功能。因此，离心技术是生物化学、细胞生物学、分子生物学、遗传工程、化学、制药、食品工业等领域中不可缺少的分离纯化和分析手段。

第一节　离心技术的基本原理

一、离心力

当一个粒子（生物大分子或细胞器）在高速旋转下受到离心力作用时，此离心力 F 的公式为

$$F = m \cdot a = m \cdot \omega 2r$$

式中，a 为粒子旋转的加速度，m 为沉降粒子的有效质量，ω 为粒子旋转的角速度，r 为粒子的旋转半径（cm）。

二、相对离心力

离心机所产生的离心力，通常根据下列公式计算：

$$F_R = \frac{4\pi^2 v^2 r}{g}$$

式中，F_R 为相对离心力（relative centrifugal force），单位为重力加速率的倍数 g（或×g）。g 为重力加速率，等于 980.6 cm^2/s^2。r 通常是指离心管中轴底部内壁到离心转轴中心之间的距离（cm）。转速，即离心机每秒的转数，但习惯上使用每分钟转数（r/min）表示。

一般情况下，报告颗粒离心分离条件时，低速离心时常用 r/min 表示，超速离心时则常用相对离心力（F_R或RCF），以重力加速率 g 的倍数来表示，如 18 000 g。这是因为在超速离心时，使用相对离心力更能如实地反映离心时被分离物质的运动特性。

离心机每分钟转速 v（r/min）与 F_R可按下列公式进行换算：

$$F_R = 1.119 \times 10^{-5} \times r \times v^2$$

或

$$v = 298.85\sqrt{\frac{F_R}{r}}$$

三、沉降系数

1924 年，Svedberg 对沉降系数下了定义：沉降系数是指单位离心力作用下待分离颗粒的沉降速率。其计算公式为

$$S = \frac{\text{沉降速度}}{\text{单位离心力}} = \frac{\mathrm{d}x/\mathrm{d}t}{w^2 x} = \frac{1}{\mathrm{d}t\omega^2} \cdot \frac{\mathrm{d}x}{x}$$

式中，S 的单位为秒，为了纪念超离心的创始人 Svedberg，人们把沉降系数 10^{-13} s 称为一个 Svedberg 单位（S），即 $1S=10^{-13}$ s。从上式中可看出：

（1）当 $\sigma>\rho$，则 $S>0$，待分离颗粒顺着离心方向沉降。

（2）当 $\sigma=\rho$，则 $S=0$，待分离颗粒到达某一位置后达到平衡。

（3）当 $\sigma<\rho$，则 $S<0$，待分离颗粒逆着离心方向上浮。

第二节　离心机的类型、操作流程和操作注意事项

一、离心机的类型

根据用途、转速和是否带有冷冻装置等，实验室常用的离心机可以分为多种类型。

（1）按用途不同，可将离心机分为制备型离心机和分析型离心机。

（2）按转速（每分钟转数，revolution per minute，r/min）不同可将离心机分为3类：

① 低速离心机，转速一般不超过10 000 r/min，最大相对离心力约为10 000 g。

② 高速离心机，转速一般不超过30 000 r/min，最大相对离心力约为89 000 g。

③ 超速离心机，转速可达130 000 r/min，最大相对离心力可达1 019 000 g。

（3）按是否带有冷冻装置，可将离心机分为普通离心机（非冷冻离心机）和冷冻离心机。高速离心机和超速离心机由于产热比较大，通常带有冷冻装置。

离心机的种类如下所示。

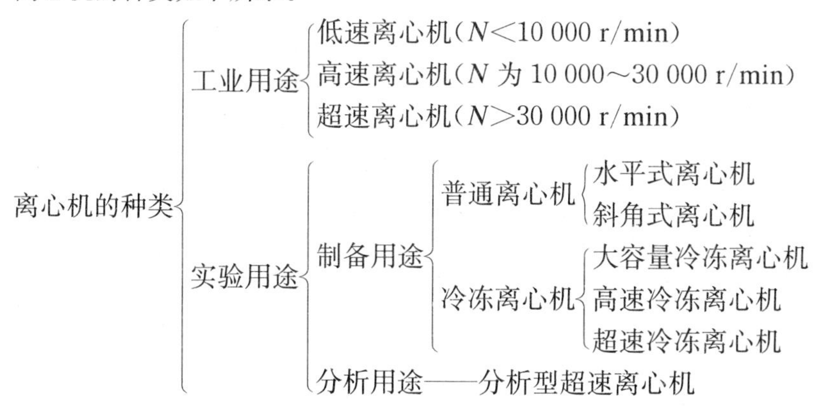

二、离心机的操作流程

以5417R型台式高速冷冻离心机为例，一般使用规程如下：

（1）打开电源开关。

（2）调节“Temp”按钮至所需的离心室温度或点按“Fast Cool”键，冷冻机运转，温度降低。

（3）将待离心的样品盛于离心管内，在天平上平衡。

（4）点按“Open”键打开离心室盖，将离心管对称放入离心室。

（5）点按“Time”键至所需的时间。

（6）点按“Speed”键至所需速度（r/min）。

（7）点按“Start/Stop”键使离心机启动，定时器走动；到达指定时间后定时器切断，离心机减速。

（8）待离心机完全停止转动后，关闭电源，取出离心管并清洁离心机。

三、高速和超速离心操作时的注意事项

高速和超速离心机是生物化学和分子生物学实验教学和科研的重要精密设备,因其转速高,产生的离心力大,使用不当或缺乏定期的检修和保养,都可能会发生严重事故,因此使用离心机时必须严格遵守操作规程。

(1) 使用各种离心机时,必须事先在天平上精密地平衡离心管和其内容物,平衡时重量之差不得超过各个离心机说明书上所规定的范围,每个离心机不同的转头有各自的允许差值,转头中绝对不能装载单数的离心管,当转头只是部分装载时,离心管必须互相对称地放在转头中,以便使负载均匀地分布在转头的周围。

(2) 装载溶液时,要根据各种离心机的具体操作说明进行,根据待离心液体的性质和体积选用适合的离心管,有的离心管无盖,液体不能装得过多,以防离心时被甩出,造成转头不平衡、生锈或被腐蚀。而制备性超速离心机的离心管,则常常要求必须将液体装满,以免离心时塑料离心管的上部凹陷变形。每次使用后,必须仔细检查转头,及时清洗、擦干。转头是离心机中需要重点保护的部件,搬动时要小心,不能碰撞,避免造成伤痕,转头长时间不用时,要涂上一层上光蜡保护,严禁使用显著变形、损伤或老化的离心管。

(3) 若要在低于室温的温度下离心时,转头在使用前应放置在冰箱或置于离心机的转头室内预冷。

(4) 离心过程中不得随意离开,应随时观察离心机上的仪表是否正常工作,如有异常的声音应立即停机检查,及时排除故障。

(5) 每个转头各有最高允许转速和使用累积限时,使用转头时要查阅说明书,不得过速使用。每一转头都要有一份使用档案,记录累积的使用时间,若超过了该转头的最高使用限时,则必须按规定降速使用。

第三节 制备性超速离心的分离方法

在使用离心分离技术,特别是超速离心分离技术来分离纯化生物高分子及亚细胞结构组分时,常采用3种不同的技术方法:差速沉降离心法、密度梯度区带离心法、等密度梯度区带离心法。

1. 差速沉降离心法

差速沉降离心法(differential sedimentation centrifugation)是指低速和高速

离心交替进行，或低速到高速分阶段离心，用不同强度的离心力使具有不同质量的物质分批沉降分离的方法。这种方法有时间限制，在任一区带到达管底之前必须停止离心。差速沉降离心法仅适用于沉降速率差别在1到几个数量级的混合样品的分离，对于沉降系数差别较小的混合样品较难得到满意的分离效果，且收率不高。分离效果与物质的密度无关，因此大小相同、密度不同的颗粒（如溶酶体、线粒体和过氧化物酶体）不能用本法分离。

离心时，由于离心力的作用，颗粒离开原样品层，按不同沉降速率向管底沉降。离心一定时间后，沉降的颗粒逐渐分开，最后形成一系列界面清楚的不连续区带。沉降系数越大，往下沉降得越快。沉降系数较小的颗粒，则在较上部分依次出现。从颗粒的沉降情况来看，离心必须在沉降最快的颗粒（大颗粒）到达管底前或到达管底时结束，使颗粒处于不完全的沉降状态并处于特定的位置。

在离心过程中，颗粒沉降的位置和形状（或带宽）随时间而改变。因此，沉降带的宽度不仅取决于样品组分的数量、梯度的斜率、颗粒的扩散作用和均一性，也与离心时间长短有关，时间越长，沉降带越宽。适当加大离心力可缩短离心时间，并可减少扩散导致的沉降带加宽现象，增加界面的稳定性。

2. 密度梯度区带离心法

密度梯度区带离心法（density gradient centrifugation）是将待分离的样品置于一个密度梯度的介质中离心，离心时越远离轴心的介质密度越大，不同的颗粒停留于不同的密度介质之中，该技术方法是一种区带分离方法，常常被用于分离沉降系数很相近的物质。常用的能连续增高密度的溶剂系统包括甘油、糖及盐类（如氯化铯（CsCl）等）。密度梯度区带离心法的分离率高，可同时分离样品中几种或全部组分。

形成密度梯度的操作，可采用两种方法：① 利用自动形成器，此装置是在根管道上装有两个容器，各以T形管与此管道相通，两容器分别装入轻液和重液，按比例进入混合器，并用蠕动泵将溶液注入超离心管内，形成不同密度梯度的溶液。② 采用手工操作，先配成不同密度的溶液，再用人工一层层铺盖到超离心管内，在超离心管中形成不同密度梯度的溶液。

3. 等密度梯度区带离心法

等密度梯度区带离心法（equilibrium density gradient centrifugation）是一种测定颗粒浮力密度的静力学方法。此法采用氯化铯作为待分离物的密度平衡溶液，经足够时间离心后，各分离物能分别达到相当于其本身浮力密度的平衡位置。氯化铯是一种能在离心场内自行形成密度梯度，并在一定时间内保持此梯度且相对稳定的物质，此方法的关键在于选择CsCl浓度使之处于待分离物的密度范围内。

第六章　层析技术——分开混合物中的各组分

层析技术(chromatography)又称层析法或色谱法,是根据混合物中各组分在互不相溶的两相中分配系数的不同进行分离的方法。

第一节　层析技术概述

一、层析技术的形成和发展

层析技术是早在1903年由俄国植物学家Tswett发现的,他在一支透明的玻璃管内填充固体$CaCO_3$粉末制成一支简单的层析柱。实验以$CaCO_3$为固定相,以石油醚为流动相,用绿色植物叶压榨成的汁液作为样品液,在室温下进行展层。当绿色的汁液随着石油醚流过$CaCO_3$时,不同的色素逐渐被分离,柱内慢慢出现一层一层的色带,科学家们最终从样品液中得到了叶绿素、叶黄素等不同的色素带,后来称之为色谱。由于他的发现纯属偶然,在当时并没有引起人们太多的关注。因此,层析技术没有得到相应的发展和应用,停滞在原有的基础上。30年以后,Kuhn采用同样的方法从蛋黄中分离出黄体素、从玉米中分离出黄色素,从此以后层析分离技术才引起人们的重视。1941年,Martin成功地用具有亲水能力的硅胶介质填充的层析柱分离氨基酸获得成功,他将这种分离方式称之为分配层析,并提出了液-液分配层析最初的塔板理论,第一次把层析中出现的实验现象上升为理论。塔板理论为后来层析技术的迅速发展提供了理论依据。1944年,Consden用滤纸代替硅胶柱分离氨基酸获得成功,他称这种分离方式为纸层析。纸层析的出现,为水不溶性的多糖聚合物作为新型层析介质的利用奠定了基础。1947年,美国原子能委员会公布了一系列应用离子交换层析技术分离稀土元素的论文,当时引起了人们的极大关注。从此以后,经过诸多化学家和生物化学家的努力,离子交换层析技术成为化学工业、制药业、食品工业分离制备的重要方法。

20世纪50年代初，Cermer等人发明了气相层析技术，并很快在石油、化工、食品及制药等领域得到推广应用。气相层析技术的出现，将层析分离技术与微量分析技术有机地结合起来。60年代以后，人们在气相层析技术的基础上发展了高效液相层析技术（HPLC），并广泛用于微量分析，使液相层析技术在微量分析领域得到了突破性的进展。80年代后期，人们在气相层析和液相层析技术的基础上发展了超临界色谱。90年代初，随着科学技术的发展，一些新技术、新材料引入到层析仪器之中，使得液相层析的超微量分析成为可能，人们在高效液相层析的基础上又推出了微量高效液相层析（micro-HPLC），使液相层析技术进入了超微量分析领域。

二、层析技术的分类

根据分离原理及方法的不同，层析法可以分为多种类型。

1. 根据分离机制的不同分类

（1）吸附层析：以吸附剂为固定相，利用吸附剂对被分离物质的吸附能力不同而达到分离目的的一种层析技术。这种分离方法取决于待分离物与吸附剂之间的吸附力以及它们在流动相中的溶解度这两方面的差异。

（2）分配层析：利用不同物质在一个两相溶剂系统中的分配系数不同而使之分离的层析技术。分配层析常用的载体有硅胶、硅藻土、硅镁型吸附剂、纤维素粉等。

（3）凝胶过滤层析：这种层析技术的固定相是一种多孔性凝胶，利用各组分的分子大小以及在填料上渗透程度的不同进行分离。凝胶过滤层析的常用填料有分子筛、葡聚糖凝胶、微孔聚合物、微孔硅胶或玻璃珠等，它们对分子大小不同的组分起过滤作用，流动相一般选用水或有机溶剂。

（4）离子交换层析：固定相为不同强度的阳离子或阴离子交换剂，流动相是水或含有机溶剂的缓冲液，利用被分离物质的带电性质不同而使之分离。

（5）亲和层析：将具有生物活性的某种配体连接在载体上作为固定相，利用生物高分子能与配体特异性结合的特点进行分离。亲和层析是分离生物高分子最为有效的层析技术之一，具有很高的分辨率。

（6）聚焦层析：按照蛋白质等电点不同而进行分离的层析技术。

2. 根据分离基质的状态分类

（1）纸层析：以滤纸作为基质进行层析。纸层析主要用于低分子物质的快速检测分析和少量分离制备。

（2）薄层层析：是将基质在玻璃或塑料等光滑物体表面铺成一薄层，在薄层上进行的层析。薄层层析主要也是用于低分子物质的快速检测分析和少量分离制备。

(3) 柱层析：将基质填装在管中形成柱，在柱中进行的层析，是目前最主要的层析形式。

3. 根据两相的状态分类

(1) 流动相：层析法的流动相可以为液体也可以为气体，因此可分为液相层析(LC)和气相层析(GC)两大类。

(2) 固定相：层析法的固定相可以是固体，也可以是液体，但是这个液体必须附载在固体物质上，这一固体支持物称为载体或担体(support)。因此根据固定相的状态，液相层析可进一步分为液固层析法(LSC)和液液层析法(LLC)，气相层析也可进一步分为气固层析法(GSC)和气液层析法(GLC)。

三、层析技术的基本要求

层析法一般在室温下操作(除气相色谱法或另有规定外)，所用溶剂应不与样品起化学反应，并应用纯度较高的溶剂分离。分离后各成分的检测应采用各单体规定的方法。用柱层析、纸层析或薄层层析分离有色物质时，可根据其色带进行区分，对有些无色物质，可在 245～365 mm 的紫外灯下检测。纸层析或薄层层析也可喷显色剂使之显色。薄层层析还可用加有荧光物质的薄层硅胶，采用荧光熄灭法检测。用纸层析进行定量测定时，可将色谱斑点部分剪下或挖取，用溶剂溶出该成分，再用分光光度法或比色法测定，也可用色谱扫描仪直接在纸或薄层板上检测。柱层析、气相层析和高效液相层析可用连接于色谱柱出口处的各种检测器检测。柱层析还可分步收集流出液后用适宜的方法检测。

四、层析技术的应用范围

广义上说，凡是溶于水和有机溶剂的分子或离子，在性质上有一定差异均可通过层析方法进行分离。分离的范围包括无机化合物(如无机盐类、无机酸类、络合物类等)、有机化合物(如烷烃类、有机酸和有机胺类、杂环类等)、生物大分子(如核酸、蛋白质、酶及肽类、多糖及寡糖类、激素类等)以及活体生物(如病毒、细菌、细胞器等)。采用层析技术分离纯化物质是目前公认的比较好的一种分离方法。

常规的层析分离分析技术是以从混合物中分离单成分，制备定量的产品为主，以分析鉴定化合物的性质，获得分析参数为辅。但是在高效液相层析中大多数是以获得分析参数为主，以制备成品为辅。可以根据不同的分离分析目的采用不同的分离技术，获得不同的参数。因此，通过层析方法可以对物质进行定量、定性和纯度鉴定。如利用在层析过程中得到的洗脱峰面积进行定量分析；通过流出峰的保留值进行定性分析；根据层析过程中出现峰的数量进行纯度鉴定等。

第二节 层析技术的基本原理

层析系统包括固定相(stationary phase)和流动相(mobile phase)，两相互不相溶。固定相是层析的基质，可以是固体物质(如吸附剂、凝胶、离子交换剂等)，也可以是液体物质(如固定在硅胶或纤维素上的溶液)，这些基质能与待分离的化合物进行可逆的吸附、溶解、交换等。流动相能推动固定相上待分离的物质朝一个方向移动，通常为液体、气体或超临界体等。柱层析中的洗脱液、薄层层析中的展层剂均为流动相。当流动相流过加有样品的固定相时，由于样品中各组分的理化性质以及生物学性质的差别(如吸附力、分子形状和大小、分子极性、带电荷情况、溶解度、分子亲和力、分配系数等)，受固定相的阻力与流动相的推力影响不同，各组分在固定相与流动相之间的分配也不同，从而使各组分以不同的速度移动而达到分离目的。物质分配可以在互不相溶的两种溶剂(即液相-液相系统)中进行，也可在固相-液相或气相-液相系统中发生。层析系统中的静相可以是固相、液相或固液混合相(半液相)，动相可以是液相或气相，它充满于静相的空隙中，并能流过静相。

层析法的最大特点是分离效率高，它能分离各种性质相似的物质，既可用于少量物质的分析鉴定，又可用于大量物质的分离、纯化和制备，是一种重要的分离分析方法。

第三节 吸 附 层 析

一、吸附层析的原理

吸附层析是利用固定相对物质分子吸附能力的差异实现对混合物分离的方法。吸附力的强弱与吸附剂和被吸附物质的性质以及周围溶液的组成有关。极性吸附剂的作用类似于离子交换剂，可能是由于离子吸引或氢键作用；非极性吸附剂可能靠范德华引力和疏水性相互作用。当待分离样品随流动相经过由吸附剂组成的固定相时，由于吸附剂对不同溶质吸附的强弱不同，在洗脱时的先后顺序也就不同，吸附弱的物质先被洗脱，吸附强的物质后被洗脱，从而达到分离物质的目的。

当改变周围溶剂的成分使被吸附物质从吸附剂上解吸下来，这种解吸过程称为洗脱或展层。吸附层析就是利用吸附剂的吸附能力可受溶剂影响而发生改变的性质，在样品被吸附剂吸附后，用适当的洗脱液洗脱，使被吸附的物质解吸并随洗脱液向前移动。这些解吸下来的物质向前移动时，遇到前面的吸附剂又被吸附，经过吸附-解吸的反复过程，物质即可沿洗脱液的前进方向移动，其移动速度取决于当时条件下吸附剂对该物质的吸附能力，若吸附剂对该物质的吸附能力强，其向前移动的速度慢，反之，则快。由于同一吸附剂对样品各组分的吸附能力不同，所以在洗脱过程中各组分便会由于移动速度不同而被逐渐分离出来，这就是吸附层析的基本过程。

二、吸附层析技术

1. 吸附剂的选择

吸附剂的选择是吸附色谱的关键一环，若选择不当，就达不到预期的分离效果。吸附层析介质的种类繁多，既有无机吸附介质也有有机吸附介质，有天然吸附介质也有合成吸附介质。面对诸多的吸附介质如何进行选择，是一个非常重要的问题。但目前尚无固定的选择法则，一般要通过小样预实验来确定。值得注意的是，有时同一种吸附介质由于其制备工艺和处理方法不同，其吸附能力有较大的差异。如活性炭经 500 ℃处理后，具有吸附酸性物质的能力而不吸附碱性化合物；在 800 ℃活化后对碱性化合物有较强的吸附能力，而对酸性化合物丧失吸附能力。硅胶和磷酸钙吸附介质的吸附能力与制备过程中的老化程度有关。尽管选择吸附介质的不定因素很多，但在选择吸附介质时有几种因素还是值得考虑的。

(1) 被分离物质的特性：根据被分离物质的特性，确定选择极性吸附介质还是非极性吸附介质。通常遵循分离极性物质选择极性吸附介质，非极性物质选择非极性吸附介质的原则。

(2) 介质的容量：通常选择表面积大、吸附容量大的吸附介质，这样可以用较少的吸附介质分离较多的样品，提高分离效率。吸附容量与表面积有很大的关系，表面积大的介质通常颗粒较细，流速较慢。

(3) 介质的通用性：选择多功能的吸附介质，这类吸附介质在不同层析条件下都具有吸附能力，有利于分离多组分的混合样。

(4) 介质的稳定性：选择理化性质稳定的吸附介质，这类吸附介质与溶液、洗脱剂、样品之间不发生化学反应，以保证分离样品的纯度和吸附介质的使用寿命。

(5) 介质的刚性：通常选择刚性较强的吸附介质。介质的刚性、颗粒的均匀度是一个很重要的技术参数，刚性好、颗粒均匀的吸附介质有利于提高层析时的流速。

2. 溶剂和洗脱剂的选择

选择溶剂和洗脱剂时应主要考虑的因素是其对样品的溶解度和稳定性，对检测器不敏感(如对光谱检测器的波长不敏感、对检测器的导电性不敏感、对 pH 检测器的酸碱度不敏感)。一种好的溶剂应该对样品有很好的溶解性，有利于吸附介质对溶质的吸附；而洗脱剂对被吸附介质上的样品有很强的解吸附能力，被洗下的物质有较好的稳定性，不发生聚合、沉淀、变性和相关的化学反应。

3. 分离过程

在吸附层析吸附的过程中，柱内的样品随流动相向前移动，并在吸附介质表面不断发生吸附和解吸附作用，这种作用就是分离过程。

(1) 吸附过程：为了使吸附介质能有效地吸附溶液中的溶质，原则上讲，在上述过程中应当选用有利于吸附的、洗脱能力弱的溶液作为流动相。由于吸附过程是一个复杂的过程，吸附能力的强弱不仅与溶剂的性质有关，还与溶剂的极性、黏度或溶液的离子强度、介质活化程度和上述的流速有关，也与吸附介质和样品的性质有关。因此，对于介质的吸附量大小要进行综合考虑。

另外要考虑的一个问题是吸附量与吸附的特异性。在一定条件下可能介质的吸附容量很大，但是吸附溶质的专一性很差，虽然介质吸附了很多溶质，而真正需要分离的目标组分吸附的并不多，大部分是杂质。遇到这种情况，则要适当地改变吸附条件，如改变溶剂的极性、溶液的离子强度或在溶液中加入一些添加剂等，使之成为利于目标组分的吸附，不利于杂质吸附的条件。有时改变了溶剂的极性或溶液的离子强度，会影响目标组分的回收率也是很正常的。

(2) 洗脱过程：在洗脱过程中，柱内的吸附介质、吸附溶质不断发生吸附—溶解(解吸附)—再吸附—再溶解，如此反复循环的过程。溶剂中的溶质首先是被吸附在介质表面上，当后面的溶剂流过时，由于溶剂的溶解作用，部分吸附在介质上的溶质又被溶剂溶解下来(解吸附作用)，并又随着溶剂向前移动。当遇到新的吸附介质时，该溶质再次从溶剂中吸附到吸附介质上，由于各种溶质在吸附介质上的结合强弱有差异，吸附强的溶质溶解速度慢，解吸附难，停留在介质上的时间长，保留值大。与此相反，吸附弱的溶质在介质上停留的时间短，保留值小。保留值大和保留值小的溶质在移动过程中就产生了差异，各种溶质彼此得到分离。在洗脱过程中选择具有较高洗脱能力的洗脱剂作为流动相。对于吸附能力强的吸附介质采用具有较强洗脱能力的洗脱剂洗脱，对于吸附能力较弱的吸附剂采用较弱的洗脱剂洗脱。洗脱剂的强弱决定于溶剂极性的大小和溶液离子强度的高低。一般情况下,溶剂的极性大的洗脱能力强,极性小的洗脱能力弱。同理,溶液的离子强度高的洗脱能力强,离子强度低的洗脱能力弱。

在吸附层析中,大多数都是以有机溶剂作为洗脱剂,这类洗脱剂比较适合于有机化合物的分离,而不适合于生物大分子。许多生物大分子如蛋白质、酶等都属于生物活性物质,有机溶剂会导致某些蛋白质的构象发生变化,出现沉淀,丧失生物活性。因此,对生物大分子一般以中性盐溶液作为洗脱剂,有机溶剂多用于分析。

第四节 凝胶层析

凝胶层析(gel chromatography)是以多孔凝胶为固定相,当流动相的混合物经固定相时,化合物中各种组分因分子大小不同而分离的一种层析技术,也叫作分子排阻层析。

凝胶层析是生物化学和分子生物学研究中的一种常用的分离手段,它具有设备简单、操作方便、样品回收率高、实验重复性好、不改变样品生物学活性等优点,因此广泛应用于蛋白质(包括酶)、核酸、多糖等生物分子的分离纯化,同时还应用于蛋白质分子量的测定、脱盐、样品浓缩等。

一、分子筛选原理

凝胶层析是依据分子大小这一物理性质进行分离纯化的。层析过程如图1.6.1所示。凝胶层析的固定相是惰性的球状凝胶颗粒,凝胶颗粒的内部具有立体网状结构,并形成很多孔穴。当含有不同大小分子组分的样品进入凝胶层析柱后,各个组分就向固定相的孔穴内扩散,组分的扩散程度取决于孔穴的大小和组分分子的大小。比孔穴孔径大的分子不能扩散到孔穴内部,完全被排阻在孔外,只能在凝胶颗粒外的空间随流动相向下流动,它们经历的流程短,流动速度快,所以首先流出,而较小的分子则可以完全渗透进入凝胶颗粒内部,经历的流程长,流动速度慢,所以最后流出;而分子大小介于二者之间的分子在流动中部分渗透,渗透的程度取决于它们分子的大小,所以它们流出的时间介于二者之间,分子越大的组分越先流出,分子越小的组分越后流出。这样样品经过凝胶层析后,各个组分便按分子从大到小的顺序依次流出,从而达到分离的目的。这种现象称为分子筛效应。

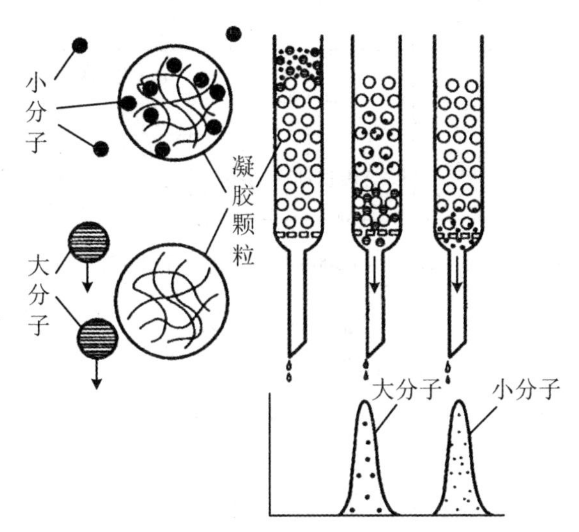

图 1.6.1 凝胶层析原理及分离过程

二、凝胶的种类和性质

凝胶的种类很多,常用的凝胶主要有葡聚糖凝胶、聚丙烯酰胺凝胶、琼脂糖凝胶以及聚丙烯酰胺和琼脂糖之间的交联物。另外还有多孔玻璃珠、多孔硅胶、聚苯乙烯凝胶等。

1. 交联葡聚糖凝胶

葡聚糖凝胶是指由天然高分子——葡聚糖与其他交联剂交联而成的凝胶。葡聚糖凝胶主要由 Pharmacia Biotech 生产。常见的有两大类,商品名分别为 Sephadex 和 Sephacry 1。常见交联葡聚糖的型号见表 1.6.1。

表 1.6.1 交联葡聚糖的各种型号

型 号	得水值 wf(g/g)	床体积 (mg/g)	工作范围		全排阻($K_d=0$)的最小分子		最小溶胀时间(h)	
			肽与蛋白质	多糖	蛋白质	多糖	20~25 ℃	90~100 ℃
交联葡聚糖 G-10	1.0±0.1	2~3	<700	<700	—	700	3	1
交联葡聚糖 G-15	1.5±0.2	2.5~3.5	<1 500	<1 500	—	1 500	3	1

续表

型 号	得水值 wf(g/g)	床体积 (mg/g)	工作范围		全排阻($K_d=0$)的最小分子		最小溶胀时间(h)	
			肽与蛋白质	多糖	蛋白质	多糖	20～25 ℃	90～100 ℃
交联葡聚糖 G-25	2.5±0.2	5	＜5 000	＜5 000	15 000	5 000	3	1
交联葡聚糖 G-50	5.0±0.3	10	1 500～20 000	500～5 000	50 000	10 000	3	1
交联葡聚糖 G-75	7.5±0.5	12～15	3 000～70 000	1 000～20 000	100 000	50 000	24	3
交联葡聚糖 G-100	10.0±1.0	15～20	4 000～150 000	1 000～50 000	250 000	100 000	72	5
交联葡聚糖 G-150	15.0±1.5	20～30	5 000～300 000	10 000～50 000	600 000	150 000	72	5
交联葡聚糖 G-200	20.0±2.0	30～40	5 000～150 000	5 000～150 000	$\geqslant 10^6$	200 000	72	5

交联葡聚糖的酸性很弱，能与蛋白质的碱性基团相互吸引，从而能吸附少量的蛋白质。如果是碱性蛋白，这种作用就更突出。但是这种吸附力可以通过提高洗脱液的离子强度来克服。因此缓冲液中经常加入氯化钠以提高离子强度。

新用的交联葡聚糖颗粒表面有一些不可逆吸附蛋白质的作用点，所以使用前要用一种分子量不大并容易得到的蛋白质走几次柱，以免对分离纯化过程中待分离物造成损失。

2. 聚丙烯酰胺凝胶

聚丙烯酰胺凝胶是由丙烯酰胺与甲叉双丙烯酰胺交联而成。改变丙烯酰胺的浓度，就可以得到不同交联度的产物。常见聚丙烯酰胺凝胶的型号见表 1.6.2。聚丙烯酰胺凝胶主要由 Bio-Rad Laboratories 生产，商品名为 Bio-Gel P，主要型号有 Bio-Gel P-2、Bio-Gel P-4 等 10 种，后面的数字基本代表它们的排阻极限的 10^{-3}，所以数字越大，可分离的分子量也就越大。聚丙烯酰胺凝胶的分离范围、吸水率等性能基本近似于 Sephadex。排阻极限最大的 Bio-Gel P-300 为 4×10^5。常见 Sepharose 及 Bio-Gel 的型号见表 1.6.3。聚丙烯酰胺凝胶在水溶液、一般的有机溶液和盐溶液中都比较稳定。聚丙烯酰胺凝胶在酸中的稳定性较好，在 pH 1～10 范围比较稳定。但在较强的碱性条件或较高的温度下，聚丙烯酰胺凝胶易发生分解。聚丙烯酰胺凝胶亲水性强，基本不带电荷，所以吸附效应较小。另外，聚丙烯酰胺凝胶不会像葡聚糖凝胶和琼脂糖凝胶那样可能生长微生物。聚丙烯酰胺凝胶对芳香族、酸性、碱性化合物可能略有吸附作用，但使用离子强度略高的洗脱液就可以避免。

表 1.6.2 聚丙烯酰胺凝胶的各种型号

型号	得水值 wf(g/g)	床体积 (mg/g)	肽与蛋白质的工作范围	全排阻($K_d=0$)的最小分子	最小溶胀时间(h) 20～25 ℃
生物胶 P-2	1.5	3.8	200～2 000	3 000	2～4
生物胶 P-4	2.4	5.8	500～3 000	3 000	2～4
生物胶 P-6	3.7	8.8	1 000～4 000	5 000	2～4
生物胶 P-10	4.5	12.4	3 000～17 000	25 000	2～4
生物胶 P-30	5.7	14.8	3 000～30 000	40 000	10～12
生物胶 P-60	7.2	19.0	3 000～50 000	60 000	10～12
生物胶 P-100	7.5	19.0	5 000～100 000	200 000	24
生物胶 P-150	9.2	24.0	5 000～150 000	250 000	24
生物胶 P-200	14.7	34.0	5 000～200 000	300 000	48
生物胶 P-300	18.0	40.0	1 000～300 000	≥500 000	48

表 1.6.3 Sepharose 及 Bio-Gel 的各种型号

型号	使用范围(蛋白质的分子质量)	琼脂糖含量
Sepharose 6B	10^4～3×10^6	6%
Sepharose 4B	10^5～2×10^7	4%
Sepharose 2B	10^6～10^8	2%
Sepharose CL 6B	10^4～3×10^6	6%
Sepharose CL 4B	10^5～2×10^7	4%
Sepharose CL 2B	10^6～10^8	2%
Bio-Gel A 0.5 m	10～500×10^3	10%
Bio-Gel A 1.5 m	10～1 500	8%
Bio-Gel A 5 m	10～5 000	6%
Bio-Gel A 15 m	40～15 000	4%
Bio-Gel A 50 m	100～50 000	2%
Bio-Gel A 150 m	1 000～150 000	1%

3. 琼脂糖凝胶

琼脂糖凝胶主要依靠糖键之间的次级链如氢键来稳定网状结构。网状结构的疏密依靠改变琼脂糖浓度的方法来控制。琼脂糖做成珠状后不能再脱水干燥，其使用条件较严：0～40 ℃，pH 7～9，不能用硼酸缓冲液。但琼脂糖凝胶有以下优点：① 机械性能好。② 分子量使用的范围广，这是前两种凝胶所不能比拟的。③ 吸附生物大分子的能力最小。因此，分离生物大分子时尽量选用琼脂糖凝胶。

三、凝胶层析的操作

1. 胶柱和洗脱液的选择

层析柱的长度对分辨率影响较大，层析柱的直径和长度比在 1∶25～1∶100 范围，长度一般不超过 100 cm，使用时可将柱子串联以提高分辨率。层析柱的选择主要根据样品量以及对分辨率的要求。洗脱液的选择主要取决于待分离样品，只要能溶解被洗脱物并不会使其变性的缓冲液一般都可作为洗脱液。为防止凝胶可能有吸附作用，洗脱液一般都含有一定浓度的盐。

2. 加样量

根据实验要求确定加样量，一般凝胶柱较大或样品中各组分分子质量差异较大，加样量可以较大。一般分级分离时加样体积为凝胶柱床体积的 1%～5%（质量分数），床体积是指每克干凝胶溶胀后在柱中自由沉积所成柱床的体积；分组分离时加样体积可较大，一般为凝胶柱床体积的 10%～25%（质量分数）。

3. 洗脱速度

洗脱速度取决于凝胶柱长、凝胶种类、颗粒大小等多种因素。通常洗脱速度慢的样品可以与凝胶基质充分平衡，分离效果好；但洗脱速度过慢会造成样品扩散加剧、区带变宽，反而会降低分辨率、延长实验时间。一般凝胶的流速是 2～10 cm^2/h，市售的凝胶一般会提供参考洗脱速度。

4. 凝胶的保存

凝胶的保存通常是经反复洗涤除去蛋白质等杂质，然后加入适当的抗生素，一般加入 0.02%（质量分数）的叠氨化物，在 4 ℃环境下保存。如要长时间保存，需将凝胶洗涤后脱水干燥。注意展化的凝胶不能直接高温烘干，否则会破坏凝胶的结构。

第五节　离子交换层析

离子交换层析（IEC）是以离子交换剂为固定相，依据流动相中的组分离子与交换剂上的平衡离子进行可逆交换时结合力大小的差别而进行分离的一种层析方法。1848年，Thompson等人在研究土壤碱性物质交换过程中发现了离子交换现象。20世纪40年代，出现了具有稳定交换特性的聚苯乙烯离子交换树脂。20世纪50年代，离子交换层析进入生物化学领域，应用于氨基酸的分析。目前离子交换层析仍是生物化学和分子生物学领域中常用的一种层析方法，广泛地应用于各种生化物质如氨基酸、蛋白质、糖类、核苷酸等的分离纯化。

一、离子交换层析的原理

离子交换作用是指溶液中的某一种离子与交换剂上的一种离子互相交换，即溶液中的离子跑到交换剂上面去，而交换剂上的离子被替换下来。

物质的电荷性、极性等具有差异，因此各种带电物质与交换剂的亲和力也有差异，离子交换剂的带电基团能吸附溶液中带相反电荷的物质，被吸附物质再与带相同电荷的其他离子置换而被洗脱。通过控制洗脱条件可将各种带电物质逐个分离，然后进行定性和定量分析。

离子交换剂以不溶的惰性物质为支持物，通过化学反应（酯化、氧化和醚化等）共价连接带电基团，连接正电荷基团的为阴离子交换剂，连接负电荷基团的为阳离子交换剂。带相反电荷的可交换离子以静电引力结合在交换剂上，称为平衡离子。

二、离子交换剂

1. 离子交换剂的选择

离子交换剂是一种不溶性的高分子聚合物，具有特殊的网状结构。对酸、碱和有机溶剂均有良好的化学稳定性。根据其支持物的化学本质，可分为离子交换树脂、离子交换纤维素和离子交换葡聚糖凝胶3类；根据交换剂的性质可分为阳离子交换剂和阴离子交换剂2类；根据离子交换剂中酸性及碱性基团的强弱又分为强酸型、弱酸型阳离子交换剂和强碱型、弱碱型阴离子交换剂。阳离子交换剂含有带负电荷的酸性基团，能与溶液中的阳离子进行交换；离子交换剂含有带正电荷的碱性基团，能与溶液中的阴离子进行交换。强酸型与强碱型的交换能力强，弱酸型与弱碱型的交换能力弱。常用离子交换剂的种类及解离基团见表1.6.4。

表 1.6.4 常用离子交换剂的种类及解离基团

商品名	类别	解离基团	商品名	类别	解离基团
CM	弱酸型阳离子	羧甲基	PAB	弱碱型阴离子	对氨基苯甲酸
P	强酸型阳离子	磷酸基	DEAE	弱碱型阴离子	二乙基氨基乙基
SE	强酸型阳离子	磺酸乙基	TEAE	强碱型阴离子	三乙基氨基乙基
SP	强酸型阳离子	磺酸丙基	QAE	强碱型阴离子	二乙基(2-羟丙基)-氨基乙基

2. 离子交换剂的处理和保存

离子交换剂使用前一般要进行处理。干粉状的离子交换剂首先要进行膨化，将干粉在水中充分溶胀，使离子交换剂颗粒的孔隙增大，让具有交换活性的电荷基团充分暴露出来。然后用水悬浮去除杂质和细小颗粒，再用酸碱分别浸泡，每一种试剂处理后要用水洗至中性；接着用另一种试剂处理，最后再用水洗至中性，这是为了进一步去除杂质，并使离子交换剂带上需要的平衡离子。商品离子交换剂中通常阳离子交换剂为 Na 型(即平衡离子是 Na^+)，阴离子交换剂为 Cl 型，因为这样比较稳定。处理时一般阳离子交换剂最后用碱处理，阴离子交换剂最后用酸处理。常用的酸是 HCl，碱是 NaOH 或再加一定的 NaCl，这样处理后阳离子交换剂为 Na 型，阴离子交换剂为 Cl 型。使用的酸碱浓度一般小于 0.5 mol/L，浸泡时间一般为 30 min。处理时应注意酸碱浓度不宜过高、处理时间不宜过长、温度不宜过高，以免离子交换剂被破坏。另外要注意的是离子交换剂使用前要排出气泡，否则会影响分离效果。

离子交换剂的再生是指对使用过的离子交换剂进行处理，使其恢复原来性状的过程。前面介绍的酸碱交替浸泡的处理方法就可以使离子交换剂再生。离子交换剂的转型是指离子交换剂由一种平衡离子转为另一种平衡离子的过程。如对阴离子交换剂用 HCl 处理可将其转为 Cl 型，用 NaOH 处理可转为 OH 型，用甲酸钠处理可转为甲酸型等。对离子交换剂的处理、再生和转型的目的是一致的，都是为了使离子交换剂带上所需的平衡离子。

离子交换层析就是通过离子交换剂上的平衡离子与样品中的组分离子进行可逆的交换而实现分离的目的，因此在离子交换层析前要使离子交换剂带上合适的平衡离子，使平衡离子能与样品中的组分离子进行有效的交换。如果平衡离子与离子交换剂的结合力过强，会造成组分离子难以与交换剂结合而使交换容量降低。另外还要保证平衡离子不对样品组分有明显影响，因为在分离过程中，平衡离子被置换到流动相中，它不能对样品组分有污染或破坏。如在制备过程中用到的离子交换剂的平衡离子是 H^+ 或 OH^-，因为其他离子都会对纯水有污染。但是在分离蛋白质时，一般不使用 H^+ 或 OH^- 型离子交换剂，因为在分离过程中，H^+ 或 OH^- 被置换出来都会改变层析柱内 pH，影响分离效果，甚至引起蛋白质的变性。

离子交换剂保存时应首先处理洗净蛋白等杂质，并加入适当的防腐剂，一般是加入 0.02% 的 NaN_3，在 4 ℃环境下保存。

三、离子交换层析的基本操作

1. 层析柱

离子交换层析要根据分离的样品量选择合适的层析柱，离子交换用的层析柱一般粗而短，不宜过长。直径和柱长比一般为 1∶10 到 1∶50 范围，层析柱安装要垂直。装柱时要均匀平整，不能有气泡。

2. 平衡缓冲液

离子交换层析的基本反应过程就是离子交换剂平衡离子与待分离物质、缓冲液中离子间的交换，所以在离子交换层析中平衡缓冲液和洗脱缓冲液的离子强度和 pH 的选择，对于分离效果有很大的影响。

平衡缓冲液是指装柱后用于平衡离子交换柱的缓冲液。平衡缓冲液的离子强度和 pH 的选择首先要保证各个待分离物质如蛋白质的稳定，其次是要使各个待分离物质与离子交换剂有适当的结合，并尽量使待分离样品和杂质与离子交换剂的结合有较大的差别。一般是使待分离样品与离子交换剂较稳定地结合，而尽量使杂质不与离子交换剂结合或结合不稳定。在一些情况下（如污水处理）可以使杂质与离子交换剂牢固地结合，而样品与离子交换剂结合不稳定，也可以达到分离的目的。另外要注意平衡缓冲液中不能有与离子交换剂结合力强的离子，否则会大大降低交换容量，影响分离效果。选择合适的平衡缓冲液，就直接可以去除大量的杂质，并使得后面的洗脱保持很好的效果。如果平衡缓冲液选择不合适，可能会给后面的洗脱带来困难，无法得到好的分离效果。

3. 上样

离子交换层析上样时应注意样品液的离子强度和 pH，上样量不宜过大，一般为柱床体积的 1%～5%，以使样品能吸附在层析柱的上层，得到较好的分离效果。

4. 洗脱缓冲液

在离子交换层析中一般常用梯度洗脱，通常有改变离子强度和改变 pH 两种方式。改变离子强度通常是在洗脱过程中逐步增大离子强度，从而使与离子交换剂结合的各个组分被洗脱下来；而改变 pH 的洗脱，对于阳离子交换剂一般是依据 pH 从低到高进行洗脱，阴离子交换剂一般是依据 pH 从高到低进行洗脱。由于 pH 可能对蛋白的稳定性有较大的影响，故一般采用改变离子强度的梯度洗脱。梯度洗脱有线性梯度、凹形梯度、凸形梯度以及分级梯度等洗脱方式。一般线性梯度洗脱分离效果较好,因此通常采用线性梯度进行洗脱。洗脱液的选择首先也是要保证在整个洗脱液梯度范围内,所有待分离组分都是稳定的。其次是要使结合在离子交换剂上的所有待分离组分在洗脱液梯度范围内都能够被洗脱下来。另外可以使梯度范围尽量小一些,以提高分辨率。

5. 洗脱速度

洗脱液的流速也会影响离子交换层析的分离效果,洗脱速度通常要保持恒定。一般来说洗脱速度慢的分辨率高,但洗脱速度过慢会造成分离时间长、样品扩散、谱峰变宽、分辨率降低等副作用,所以要根据实际情况选择合适的洗脱速度。如果洗脱峰相对集中于某个区域造成重叠,则应适当缩小梯度范围或降低洗脱速度来提高分辨率;如果分辨率较好,但洗脱峰过宽,则可适当提高洗脱速度。

6. 样品的浓缩、脱盐

离子交换层析得到的样品往往盐浓度较高,而且体积较大,样品浓度较低。所以一般离子交换层析得到的样品要进行浓缩、脱盐处理。

第七章　分子杂交技术——探查核酸序列

分子杂交技术是在1975年首先由英国爱丁堡大学的E. M. Southern教授提出的，现如今已经成为分子生物学领域和临床研究中应用最为广泛的技术体系之一。

核酸分子杂交(nucleic acid hybridization)是指把不同的DNA单链分子放在同一溶液中，或把DNA与RNA放在一起，只要在DNA或RNA的单链分子之间存在着一定程度的碱基配对关系，就可在不同的分子间形成杂化双链，即杂交分子。核酸分子杂交具有灵敏度高、特异性强等优点。现在，分子杂交技术广泛应用于生命科学领域研究、探索生命的奥秘，是诊断和治疗疾病的重要依据。

第一节　核酸分子杂交的基本原理

一、DNA的变性

在某些因素作用下，DNA双链之间的氢键断裂，双螺旋解开，形成单链无规则线性结构，从而使其理化性质改变(如黏度下降、沉降速度增加、浮力上升、紫外吸收增加等)，称为DNA变性。引起DNA变性的因素有很多，包括加热、强酸、强碱、有机溶剂(如乙醇、尿素、甲酰胺及丙酰胺)等，其中加热是实验室DNA变性的常用方法。

通常可利用DNA变性后260 nm处紫外吸收的变化追踪变性过程。因为DNA在260 nm处有最大吸收值，这一特征是由于DNA含有碱基组成的缘故，在DNA双螺旋结构模型中，碱基藏于内侧，DNA变性时由于双螺旋解开，碱基外露，260 nm紫外吸收值因此增加，这一现象称为增色效应。

如果升高温度使DNA变性，以温度对紫外吸收作图，可得到一条曲线，称为熔解曲线(图1.7.1)。当温度升高到一定范围时，DNA溶液在260 nm处的吸光度突然明显上升至最高值，随后即使温度继续升高，其吸光度也无明显变化。由此说明DNA变性是在一个很窄的温度范围内发生的，增色效应是爆发式的，从而也说明当达到一定温度时，DNA双螺旋几乎是同时解开的。通常人们把50% DNA分子发生变性的温度称为变性温度（即熔解曲线中点对应的温度），由于这一现象和结晶的熔解相类似，故又称熔点或熔解温度（T_m）。

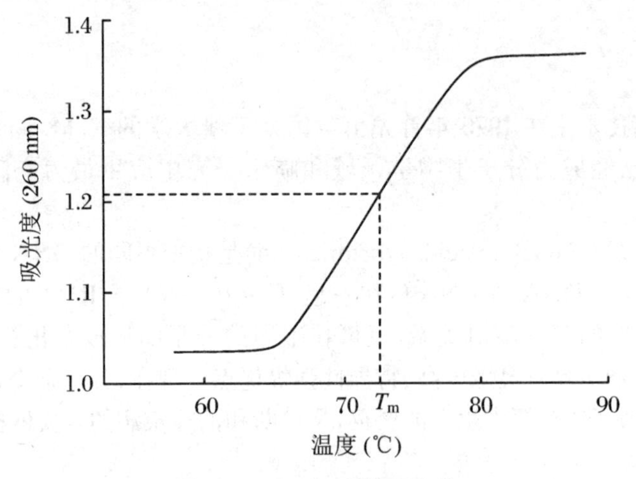

图1.7.1 DNA的熔解曲线

二、DNA的复性

变性DNA时只要消除变性条件，两条互补链还可以重新结合，恢复原来的双螺旋结构，这一过程称为复性或退火。复性的最佳温度比 T_m 低25～30 ℃时，称为退火温度。复性后的DNA，理化性质都能得到恢复。倘若DNA热变性后快速冷却，则不能复性。

影响DNA复性的因素有很多，包括DNA序列的复杂程度、核酸长度、核酸浓度和溶液的离子强度等。相同条件下，DNA序列越简单复性越快，反之越慢；DNA长度越长复性越慢，反之越快；DNA浓度越高复性越快，反之越慢；溶液的离子强度越高复性越快，反之越慢。

三、建立在DNA变性与复性基础上的核酸杂交技术

核酸的变性与复性原理是分子杂交的基础。两条来源不同的核苷酸双链变性后，若两条具有碱基互补关系的多核苷酸单链，通过复性可以形成杂化双链，这种杂化双链可以是DNA/DNA之间、DNA/RNA之间、RNA/RNA之间。这一特点

可用来探查某些未知的核酸序列。在科学研究和临床检验中，常常需要知道某些样品中是否含有特定的核酸序列，比如疑似感染了某种病毒的患者的血液，可以探查其血液样品中是否含有该病毒的DNA序列来明确诊断。因此在检测未知样品的核酸序列时，首先要制备出带有某种标记的短的核酸序列，然后与之进行杂交，如果能形成杂化双链，表示样品中存在目标序列或具有同源序列的核酸物质；如果不能形成杂化双链，表示结果为阴性，样品中不含有目标序列。这段带有标记的核酸分子被称作探针(probe)。来源不同的核酸分子发生杂交反应的前提条件是双方必须具备互补的碱基序列。但需要指出的是，杂交分子的形成并不要求两条单链的碱基序列完全互补，只要有一定程度的互补序列存在，这两条单链核酸分子就可以复性生成异源双链。

第二节　核酸探针

一、核酸探针的概念

核酸探针是指能与特定的未知核酸片段发生特异性结合的已知序列并且自身携带标记的核酸分子。

二、核酸探针的种类

按照来源和性质划分，核酸探针可分为基因组DNA探针、cDNA探针、RNA探针和寡核苷酸探针等。基因组DNA探针和cDNA探针在临床检验中应用较为广泛。探针选择的正确与否，将直接影响到检测结果的可靠性和准确性。探针选择的基本原则是探针与待测核酸之间在序列上要具有高度的互补性。

1. 基因组DNA探针

基因组中含有大量的编码序列和非编码序列，可以成为探针制备的丰富来源。编码序列一般来说比较保守，因此在选择基因组DNA做探针时，应尽量选用基因的编码序列。选定了制备探针的某段序列之后，可以合成相应的引物，利用PCR方法从基因组中扩增出这段序列并克隆到合适的质粒载体中。将重组质粒载体转入大肠杆菌后，就可以无限繁殖，取之不尽。

2. cDNA探针

在反转录酶的催化下，利用mRNA作为模板合成的DNA分子称为cDNA

(complementary DNA)。cDNA也可以用来制备核酸探针,用这种方法获得的核酸探针不含内含子序列,均为编码序列,是一种较为理想的核酸探针。cDNA探针在探查某些基因的表达特征及表达水平方面发挥着重要作用。

3. RNA探针

RNA探针是单链探针,与靶序列的杂交效率极高。早期使用的RNA探针是mRNA探针和病毒RNA探针,这些RNA探针是在基因转录或病毒复制的过程中得到并标记的,标记效率往往并不高,还受多种因素制约。这类探针主要应用于科学研究,在临床检验中应用较少。RNA探针具有易降解、标记方法复杂等缺点。

4. 人工合成的寡核苷酸探针

如果只知道某蛋白质的氨基酸序列,而对其编码基因的核酸序列一无所知,在这种情况下可以依照氨基酸序列设计一段寡核苷酸并作上标记探查该基因序列。人工合成的寡核苷酸探针应用越来越普及。设计寡核苷酸探针时应注意以下几个环节:① 寡核苷酸探针的长度一般在18～50个核苷酸为宜。② 寡核苷酸链的G+C含量在40%～60%最佳,超出这个范围,非特异性杂交会增加。③ 探针分子内部不应存在互补区域,否则会形成发夹状结构,干扰探针与待测核酸之间的杂交。④ 寡核苷酸链中连续的单碱基重复不能超过4个。

三、核酸探针的标记物

作为探针的核酸片段必须进行标记才能检测和追踪到待测核酸的存在。探针的标记技术有许多种,但总的可以归为两大类:放射性标记和非放射性标记。一个理想的核酸探针在标记后应该具有以下特性:① 高度灵敏性和高度特异性,便于杂交后的检测。② 不影响核酸探针的物理化学性质。③ 较好的化学稳定性,易保存。④ 对环境无污染,对人体健康无危害。探针标记技术与核酸杂交技术相结合产生了多种多样的检测核酸序列的实验方法,这些方法是目前分子生物学研究和临床检验中必不可少的重要手段。

1. 放射性标记

放射性同位素是目前分子生物学研究中最常用的标志物。它标记的探针灵敏度极高,可检测到10^{-18}～10^{-4}g的核酸物质。放射性核素标记后不会影响探针与待测核酸之间碱基配对的特异性和稳定性,并且假阳性率低。目前,常用的标记同位素有^{32}P、^{3}H和^{35}S等。可根据标记的方法、检测手段及同位素自身的物理性质加以选择使用。但是,放射性同位素标记法的主要缺点一方面在于半衰期较短,给探针的制备和保存带来不便;另一方面,放射性元素容易造成环境污染,如果防护不慎,对操作者有一定程度的伤害。

2. 非放射性标记物

常用的非放射性标记物有生物素(biotin)、地高辛(digoxigenin)和荧光化合物(fluorescent compound)。非放射性标记物的最大优点是安全、环保,无放射性污染。另外,这类标记物无半衰期,稳定性好,可以长时间储存,给应用者带来极大方便。但是,其缺点是灵敏度较低,对低丰度的核酸样品不容易检测到;此外,采用此标记的核酸探针与样品核酸的杂交背景较高,假阳性率高。

非放射性标记物主要采用酶联免疫法检测。例如,检测生物素标记物的系统主要有抗生物素抗体、卵白素和链亲和素等,这些物质都可以与生物素特异性结合,同时这些物质与荧光素、过氧化物酶或碱性磷酸酶偶联。这样,当掺入DNA中的生物素与抗体、卵白素或链亲和素特异结合时,连接其上的过氧化物酶或碱性磷酸酶就可以催化反应体系中的底物发生颜色反应,通过光学检测系统即可进行结果的分析。

四、核酸探针的标记方法

核酸探针常用的标记方法有缺口平移法(nick translation)、随机引物法、T4多核苷酸激酶标记法和Klenow片段标记法。

1. 缺口平移法

缺口平移法由脱氧核糖核酸酶(DNase)和大肠杆菌DNA聚合酶Ⅰ完成。DNase可以作用于双链DNA分子的一条链,切割产生一些缺口(nick)。DNA聚合酶Ⅰ工具有5′→3′聚合酶活性和5′→3′核酸外切酶活性。在核酸标记中,首先用DNase切割双链DNA产生缺口,在缺口处产生3′—OH末端。然后用DNA聚合酶Ⅰ的5′→3′外切核酸酶活性在缺口的5′侧不断切除核苷酸,同时利用5′→3′的DNA聚合酶活性在缺口的3′侧依次添加核苷酸,从而使缺口向着DNA链3′端移动,故称为缺口平移。根据这个原理,如果被添加的核苷酸事先用标记物标记,则可制备成带有标记的DNA探针。

2. 随机引物法

随机引物是人工合成的含6~8个核苷酸的寡核苷酸片段混合物,这些混合引物中包含所有的排列组合(如利用6个单核苷酸去随机合成引物则有$4^6=4\,096$种排列顺序),这些具有不同排列顺序的引物可以随机地结合到一段单链DNA的某一处,在大肠杆DNA聚合酶Ⅰ的作用下,在引物的3′—OH端利用反应液中标记的dNTP作为原料延伸合成DNA链。这种方式合成的核酸探针是一系列长度不同的DNA序列。采用随机引物法标记的DNA探针或cDNA探针活性较高,杂交结果也较为稳定,是目前基础和临床研究中常用的标记方法。

3. T4多核苷酸激酶标记法

T4多核苷酸激酶标记法适用于寡核苷酸或序列较短的DNA或RNA分子的标记。T4多核苷酸激酶(T4 polynucleotide kinase)能催化ATP的γ-磷酸酸基团转移至DNA或RNA的5′—OH末端。因此,先用碱性磷酸酶除去DNA或RNA 5′端的磷酸基团,然后与[γ-^{32}P]ATP及T4多核苷酸激酶混合,即可在DNA或RNA的5′端做上放射性标记。当ADP过量存在时,T4多核苷酸激酶本身也可将DNA或RNA 5′端的磷酸基团转移至ADP生成ATP,再将[γ-^{32}P]ATP中具有放射性的γ-磷酸基团转移至DNA或RNA的5′—OH末端完成标记。

4. Klenow片段快速标记法

某些限制酶切割双链DNA时会产生3′端凹陷的缺口(缺少若干个单核苷酸的空隙)。dNTP存在时,Klenow片段可以催化填补这个缺口,当反应体系中加入放射性或非放射性标记的核苷酸时,Klenow片段可以将带标记的核苷酸整合进入DNA的3′端凹陷处做上标记,用这种方法进行标记时,加入的带标记核苷酸的种类取决于3′端凹陷处的互补序列。

第三节　常见核酸分子的杂交类型

根据待检测样品的性质不同,可将核酸分子杂交分为液相杂交和固相杂交两种类型。液相杂交是指待测样品和核酸探针均在液相中进行杂交的方式;固相杂交是指把待测核酸固定在固体支持介质上,探针放在液相中,这时杂交就在固-液表面进行。固相杂交特异性高、假阳性率低、探针标记容易检测,而且可避免样品DNA的自我复性,是目前常用的核酸分子杂交方法。常用的固相杂交技术有Southern杂交、Northern杂交、斑点(dot)杂交、狭槽(slot)杂交和菌落原位杂交等。在此仅重点介绍Southern杂交和Northern杂交。

一、Southern杂交

Southern杂交可用来检测经限制性内切酶切割后的DNA片段中是否存在与探针同源的序列,它包括下列步骤:① 限制性内切酶切割DNA双链,得到长短不一的多条DNA片段,再用凝胶电泳分离各片段,然后使DNA原位变性。② 将DNA片段转移到固体支持物(硝酸纤维素滤膜或尼龙膜)上。③ 预杂交滤膜,掩盖滤膜上的非特异性位点。④ 让探针与同源DNA片段杂交,然后漂洗除去非特异性结合的探针。⑤ 通过显影检查目的 DNA 所在的位置。

Southern 杂交能否检出杂交信号取决于很多因素，包括目的 DNA 在总 DNA 中所占的比例、探针的大小和比活性、转移到滤膜上的 DNA 量以及探针与目的 DNA 间的配对情况等。在最佳条件下，放射自显影曝光数天后，Southern 杂交能很灵敏地检测出低于 0.1 pg 与 ^{32}P 标记的高比活性探针（$>10^9$ cpm/μg）的互补 DNA。如果将 10 μg 基因组 DNA 转移到滤膜上，并与长度为几百个核苷酸的探针杂交，曝光过夜，则可检测出哺乳动物基因组中 1 kb 大小的单拷贝序列。

将 DNA 从凝胶中转移到固体支持物上的方法主要有 3 种：① 毛细管转移。本方法由 Southern 发明，故又称为 Southern 转移（或印迹）。毛细管转移方法的优点是简单，不需要用其他仪器。缺点是转移时间较长，转移后杂交信号较弱。② 电泳转移。将 DNA 变性后，电泳转移至带电荷的尼龙膜上。该法的优点是不需要脱嘌呤水解作用，可直接转移较大的 DNA 片段。缺点是转移中的电流较大，温度难以控制。通常只有当毛细管转移和真空转移无效时，才采用电泳转移。③ 真空转移。有多种真空转移的商品化仪器，它们一般是将硝酸纤维素膜或尼龙膜放在真空室的多孔屏上，再将凝胶置于滤膜上，缓冲液从上面的一个贮液槽中流下，洗脱出凝胶中的 DNA，使其沉积在滤膜上。该法的优点是快速，在 30 min 内就能将 DNA 从正常厚度（4～5 mm）和正常琼脂糖浓度（<1%）的凝胶中定量地转移出来。转移后得到的杂交信号比 Southern 转移强 2～3 倍。缺点是如果不小心，就会使凝胶碎裂，并且在洗膜不严格时，其背景比毛细管转移要高。Southern 杂交的转移装置示意如图 1.7.2 所示。

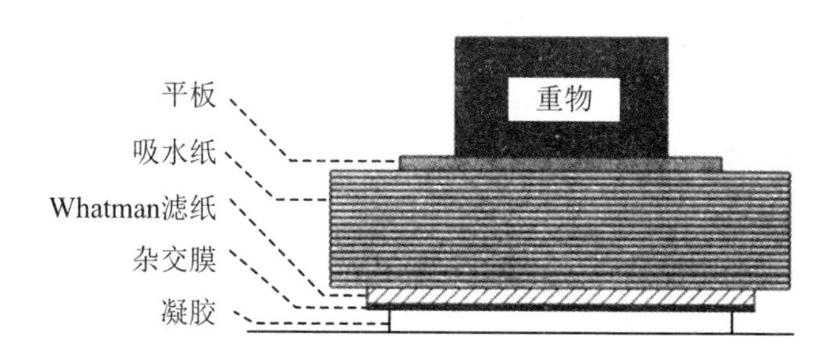

图 1.7.2　Southern 杂交的转移装置示意图

二、Northern 杂交

Northern 杂交与 Southern 杂交很相似。主要区别是 Northern 杂交的被检测对象为 RNA，其电泳在变性条件下进行，以去除 RNA 中的二级结构，保证 RNA

完全按分子大小分离。变性电泳主要有3种:乙二醛变性电泳、甲醛变性电泳和羟甲基汞变性电泳。电泳后的琼脂糖凝胶用与Southern转移相同的方法将RNA转移到硝酸纤维素滤膜上,然后与探针杂交。

三、菌落原位杂交

对分散在若干个琼脂平板上的少数菌落(100～200)进行克隆筛选时,可采用本方法。将这些菌落归并到一个琼脂主平板以及已置于第二个琼脂平板表面的一张硝酸纤维素滤膜上。经培养一段时间后,对菌落进行原位裂解。主平板应贮存于4℃直至得到筛选结果。

四、斑点杂交

斑点杂交是指将DNA或RNA样品直接点在硝酸纤维素滤膜上,然后与核酸探针分子杂交,以显示样品中是否存在特异的DNA或RNA。同一种样品经不同倍数的稀释,还可以得到半定量的结果。所以它是一种简便、快速、经济的分析DNA或RNA的方法,在基因分析和基因诊断中经常用到,是研究基因表达的有力工具。但由于目的序列未与非目的序列分离,不能了解目的序列的长度。尤其当本底干扰较高时,难以区分目的序列信号和干扰信号。

第八章　聚合酶链式反应(PCR)技术
——微量 DNA 的体外扩增

聚合酶链式反应(polymerase chain reaction，PCR)技术又称 DNA 体外扩增技术，是 20 世纪 80 年代中期发展起来的具有划时代意义的分子生物学技术。它与分子克隆和 DNA 序列分析技术几乎构成了整个现代分子生物学实验工作的基础。这 3 种分子生物学的主流技术中，PCR 技术不仅在理论上出现最早，而且在实践中应用日益广泛，并随着分子生物学实验技术的成熟而不断创新与拓展。PCR 技术使微量的核酸(DNA 或 RNA)操作变得简单易行，同时还使核酸研究脱离于活体生物。通常 PCR 技术是 DNA 分析时首先采用的技术之一，它也成为遗传与分子分析的根本性基石。

PCR 技术具有特异、敏感、产率高、快速、简便、重复性好、易自动化等突出优点外，最重要的是它灵活且易于操作，结果也相对可靠。利用 PCR 技术可以在一个试管内将所要研究的极设量目的基因或某一 DNA 片段于数小时内扩增数百万倍，因此使得一度非常稀缺的实验资源——遗传物质变得丰富，不但遗传物质总量增加了，而且不再受限于活的生物体，极大提高了基因操作的效率和基因操作的灵活性，使得以前几天甚至几周才能完成的事情，几小时就可完成。PCR 技术是 20 世纪分子生物学研究领域最重大的发明之一，是方法学上的一次革命，无疑对生命科学研究领域产生了重大的影响。

第一节　PCR 技术的基本理论

一、PCR 技术的原理

PCR 技术是美国 Cetus 公司人类遗传研究室的科学家 Mullis 于 1983 年发明的一种在体外快速扩增特定基因或 DNA 序列的方法。它的特异性是由两个人工合成的引物序列决定的。引物就是与待扩增 DNA 片断两侧互补的寡核苷酸。

PCR是体外酶促合成特异DNA片段的新方法，主要是通过高温变性、低温退火和适温延伸3个步骤反复循环。在高温下，待扩增的靶DNA双链受热变性成为两条单链DNA模板；而后在低温情况下，两条人工合成的寡核苷酸引物与互补的单链DNA模板结合，形成部分双链；在适合温度下，利用Taq-DNA聚合酶，引物沿模板以5′→3′方向延伸合成DNA新链。这样如此反复进行，每一次循环所产生的DNA均能成为下一次循环的模板，每一次循环都使两条人工合成的引物间的DNA特异区拷贝数扩增一倍，使得PCR产物以2^n的批数形式迅速扩增，经过25～30个循环后，理论上可使基因扩增10^9倍以上。

二、PCR基本步骤

1. 模板DNA的变性

模板DNA经加热至95℃左右，5 min后，使模板DNA双链或经PCR扩增形成的双链DNA解离，使之成为单链，以便它与引物结合，为下轮反应作准备。

2. 模板DNA与引物的退火(复性)

模板DNA经加热变性成单链后，温度降至55℃左右，引物与模板DNA单链的互补序列配对结合。

3. 引物的延伸

DNA模板-引物结合物在Taq DNA聚合酶的作用下，以dNTP为反应原料，靶序列为模板，在72℃左右的温度条件下，按碱基配对与半保留复制原理，合成一条新的与模板DNA链互补的新链。

重复循环变性—退火—延伸三过程，就可获得更多的"半保留复制链"，而且这种新链又可成为下次循环的模板。每完成一个循环需2～4 min，2～3 h就能将目的基因扩增几百万倍。到达平台期所需循环次数取决于样品中模板的拷贝。

三、PCR反应体系

一个常规PCR反应体系一般选用25 μL或50 μL，其中含有的相关试剂如表1.8.1所示。

表 1.8.1　RCR 反应体系

试剂	剂量
模板	1 pg～1 μg
引物	1 μmol/L
DNA 聚合酶	1～5 单位
Mg^{2+}	1.5 mmol/L
dNTPs	200 μmol/L
KCl	50 mmol/L

RNase-Free ddH_2O 补足到 25 μL 或 50 μL。

1. 模板

模板是 PCR 的关键,模板的质量是 PCR 成功的先决条件。如何得到模板,是一个难题。所需的最佳模板量取决于基因组的大小。目的片段在基因组中占多少? 至少要保证模板中含有一个单拷贝。扩增多拷贝序列时,用量更少,灵敏的 PCR 可从一个细胞、一根头发、一个孢子或一个精子提取的 DNA 中分析目的序列。模板量过多则可能会降低 PCR 的效率。

2. 引物

引物以干粉形式运输。最好用 TE 缓冲液液重溶引物,使其最终浓度为 100 μmol/L。TE 比去离子水好,因为水的 pH 经常偏酸,会引起寡核苷的水解。当然,也可以用 ddH_2O。引物的稳定性依赖于储存条件。引物的设计需要满足以下 3 个关键点:① 必须与目的 DNA 序列稳定地退火:T_m 值和 GC 含量在适当范围内。② 引物的利用率高,避免引物内部和上下游引物之间发生互补。③ 引物特异性高,DNA 模板上不存在除特异性结合位点以外的序列与引物结合。此外,引物的浓度会影响特异性。最佳的引物浓度一般在 0.1～0.5 μmol/L。较高的引物浓度会导致非特异性产物扩增。

3. 聚合酶的选择

Taq DNA 聚合酶是耐高温的聚合酶,但是它也有自身的缺点,也就是低保真度的问题,因为其缺少 3′到 5′外切核酸酶(校正)活性。所以市面上可以购买到带有 3′到 5′外切核酸酶活性的热稳定聚合酶来提高保真度。但是这些聚合酶的产量比 Taq DNA 聚合酶低。

4. Mg^{2+} 浓度

Mg^{2+} 影响 PCR 的多个方面,如 DNA 聚合酶的活性会影响 PCR 的产量;再如引物退火会影响 PCR 的特异性。dNTP 和模板同 Mg^{2+} 结合,降低了酶活性所需的游离 Mg^{2+} 的量。最佳的 Mg^{2+} 浓度对于不同的引物和模板都不同,但是包含

200 μmol/L dNTP 的典型 PCR 的起始浓度为 1.5 mmol/L。在多数情况下，较高的游离 Mg^{2+} 浓度可以增加产量，但也会增加非特异性扩增，提高假阳性。为了确定最佳浓度，可以用 0.1～5 mmol/L 递增浓度的 Mg^{2+} 进行预备实验，选出最适的 Mg^{2+} 浓度。在 PCR 反应混合物中，应尽量减少有高浓度的带负电荷的基团，例如磷酸基团或 EDTA 等可能影响 Mg^{2+} 浓度的物质，以保证最适 Mg^{2+} 浓度。

5. dNTPs

高浓度的 dNTPs 会对扩增反应起抑制作用。将每种 dNTP 的浓度从 200 μmol/L 降低到 25～50 μmol/L 可以使扩增产物获得满意的产率。

6. KCl 溶液

KCl 溶液的标准浓度为 50 mmol/L，对于较短片段可将其提高到 70～100 mmol/L。

四、PCR 扩增产物检测

取 PCR 扩增产物 5～10 μL，加入 1～2 μL 上样缓冲液，于适当浓度的琼脂糖凝胶中进行电泳分析；一般电泳条件为：60～80 V，15～20 min。为确定扩增产物的大小，需选择合适的标准分子质量 DNA（DNA Marker）进行平行电泳。用紫外线分析仪检测电泳结果。

五、影响 PCR 的主要因素

通过上述内容，可以看出影响 PCR 的特异性的因素有许多，现归纳为以下几点：① 退火步骤的严格性，提高退火温度可以减少不匹配的杂交，从而提高特异性。② 缩短退火时间及延伸时间可以减少错误引发及错误延伸。③ 引物二聚体是最常见的副产品，降低引物及酶的浓度也可以减少错误引发，尤其是引物的二聚化。④ 改变 $MgCl_2$（有时是 KCl）的浓度可以改进特异性，这可能是提高反应的严格性或者对 Taq 酶的直接作用。⑤ 模板中如果存在次级结构，例如待扩增的片段自行形成发夹结构时，可在 PCR 混合物中的 4×dNTPs 中加入 7-脱氮-2′-脱氧鸟苷-5′-三磷酸（de_7GTP），用 de_7GTP 与 dGTP 比例为 3∶1 的混合物（150 μmol/L de_7GTP＋50 μmol/L dGTP）代替 200 μmol/L dGTP，则可以阻止非特异性产物的生成。

第二节　PCR 技术的发展和应用

一、PCR 技术在分子生物学中的应用

PCR 技术已经渗透到分子生物学研究的各个领域，如应用 PCR 技术制备 cDNA文库、基因的克隆、基因序列的测定、新基因的寻找、染色体区带特异片段的克隆、突变碱基的检测、标记 DNA 探针等。

二、PCR 技术在传染病病原体检测中的应用

传统的实验室诊断传染病病原体感染常用以下方法：① 病原培养法。此方法需要的时间长，对标本要求高，无法进行早期诊断。② 免疫学方法。在抗原低时此方法的敏感度不够，交叉反应较强，不能诊断潜伏感染。③ 核酸探针法。此方法的敏感性不够，在实用性方面受到限制。而 PCR 技术是一种具有高敏感性、特异性的目标 DNA 快速检测方法，能对 DNA 前病毒或潜伏期低复制的病原体特异性靶 DNA 片段进行扩增检测，只要样本中有 1 fg 靶 DNA 就能检出。可检出经核酸杂交呈阴性的许多样本，对样本要求也不高。PCR 可用于病原体的潜伏期、早期诊断；临床检测与监控；流行病学、分子传染病研究及评价药物疗效。

三、PCR 技术在肿瘤相关基因检测中的应用

基因突变(gene mutation)是肿瘤发生的根本原因，检测与恶性肿瘤发生有关的突变基因是分子生物学、医学遗传学及肿瘤学研究的热点，它对阐明肿瘤发生的分子生物学机制和早期诊断具有重要意义，PCR 技术的出现及近年来以 PCR 技术为基础，结合传统技术的突变基因分析方法为人们提供了许多快速、简便、准确的基因分析途径，并取得了令人瞩目的成果。

四、PCR 技术在遗传病早期诊断中的应用

自 1985 年 PCR 技术首次应用于遗传病基因诊断以来，已有近百种遗传病可用 PCR 技术进行诊断和产前诊断。传统的产前基因诊断主要依赖于以探针为基

础的 Southern blotting 及 RFLP，以此可诊断缺失型突变及个别的点突变，但由于其操作的复杂性及仪器设备的限制，耗时长，准确性不高，还需核素标记，因而大大地限制了它的应用。自从 PCR 技术应用于产前基因诊断以来，由于比一般的常规方法要灵敏得多，有利于早期诊断与治疗，因此备受人们的重视和欢迎，PCR 技术现已成为遗传病产前基因诊断的最常用技术，以此技术为基础的各种突变基因检测方法已成为遗传病因诊断的主要手段。

第三节 PCR 的衍生技术

一、反转录-聚合酶链反应

反转录-聚合酶链反应（reverse transcription-polymerase chain reaction，RT-PCR）是将 RNA 反转录与 PCR 扩增结合而建立的一种 PCR 技术。其基本原理是从组织或细胞中提取总 RNA，以其中的 mRNA 反转录产生的 cDNA 链作为模板进行 PCR 扩增。即以 mRNA 模板，在反转录酶催化下，由随机引物、oligo（dT）引物或基因特异性引物的引导，反转录产生 cDNA 的第一链；再以 cDNA 第一链复制出 cDNA 第二链；然后分别以 cDNA 第一、二链为模板，进行常规的 PCR 扩增。RT-PCR 的关键步骤是 RNA 的反转录，作为模板的 RNA 可以是总 RNA、mRNA 或体外转录的 RNA 产物。但要求 RNA 模板必须是完整的，且不含有 RNA 酶、基因组 DNA 和蛋白质等杂质。若 RNA 模板中污染了微量的 DNA，扩增后会出现非特异性 DNA 的 PCR 产物，而所需的 cDNA 扩增产物却很少，因此必要时可用无 RNasc 的 Nasc 处理 RNA 提取物。未清除干净的蛋白质可与 RNA 结合而影响反转录和 PCR 反应。

RT-PCR 是一种用于定性或定量分析基因表达的快速灵敏的方法，可使 RNA 检测的敏感度提高好几个数量级（比 Northern 印迹杂交敏感（3～6）$\times 10^3$ 倍），也使得一些微量 RNA 样品分析成为可能。因此 RT-PCR 用途很广，可用于确定某一基因转录的产物是否存在，分析细胞中基因表达水平、检测 RNA 病毒含量及在无需构建和筛选 cDNA 文库时，直接克隆特定基因的 cDNA 产物等，还可以用来检测基因的表达差异。另外，RT-PCR 也比其他 RNA 分析技术，包括 Northern 印迹、RNase 保护分析、原位杂交及 Sl 核酸醇分析等，更灵敏且更易于操作。

二、实时荧光定量 PCR

聚合酶链式反应技术的发明至今已有 20 多年了，传统的 PCR 定量是应用终点 PCR 来对样品中的模板量进行定量，通常用凝胶电泳分离，并用荧光染色来检测 PCR 反应的最终扩增产物。但在 PCR 反应中，由于模板、试剂、焦磷酸盐分子的聚集等因素影响聚合酶反应，最终导致 PCR 反应不再以指数形式进行而进入“平台期”，而且一些反应的终产物比另一些要多，因此用终点 PCR 反应方法定量并不准确。此外，终点 PCR 还容易交叉污染，产生假阳性。随着 PCR 技术的不断发展，近年来出现的实时荧光定量 PCR(real-time quantitative polymerase chain reaction，简称 real time PCR)技术实现了 PCR 从定性到定量的飞跃，其以特异性强、灵敏度高、重复性好、定量准确、速度快、全封闭反应等优点成为了分子生物学必不可少的研究工具。它无需 PCR 后处理，避免了交叉污染，辅以实时定量 PCR 分析软件，整个 PCR 过程可实现自动化，较传统的定量方法劳动强度小，易于标准化和推广应用。

所谓实时荧光定量 PCR 是指在 PCR 反应体系中加入荧光基因，在 PCR 指数扩增期间利用荧光信号累积实时检测荧光信号出现的先后顺序及信号强弱的变化来即时分析目的基因的复制数目，通过与加入已知量的标准品进行比较，可实现实时定量。也就是说，在 PCR 反应体系中利用荧光信号积累实时监测整个 PCR 进程，使每一个循环变得“可见”，通过对 PCR 扩增反应中每一个循环产物荧光信号的实时检测从而实现对起始模板定量及定性的分析。在实时荧光定量 PCR 反应中，随着 PCR 反应的进行，PCR 反应产物不断累计，荧光信号强度也等比例增加。每经过一个循环，收集一个荧光强度信号，我们就能够通过荧光强度变化监测产物量的变化，从而得到一条荧光扩增曲线，最后通过标准曲线对样品中的 DNA(或 cDNA)的起始浓度进行定量。实时荧光定量 PCR 是目前确定样品中 DNA(或 cDNA)复制数最敏感、最准确的方法。因此实时定量 PCR 技术较之于以前的以终点法定量 PCR 技术具有明显的优势。一方面，它操作简便、快速、高效，具有很高的敏感性和特异性；其次，在封闭的体系中完成扩增并进行实时测定，大大降低了污染的可能性。用于 RNA 检测时，被称为反转录实时 PCR 也即实时 PCR 法，它是指对 DNA 或 RNA 经过反转录后通过 PCR 并实时监测 DNA 的放大过程，在扩增的指数增长期就测量扩增产物，因为扩增指数增长期测量值与特异 DNA(RNA)起始量存在相关性，从而实现定量检测。实时荧光定量 PCR 法的最大优点是克服了终点 PCR 法进入平台期或称作饱和期后定量的较大误差，实现 DNA/RNA 的精确定量。该技术不仅实现了对 DNA/RNA 模板的定量，而且具有灵敏度和特异性高、能实现多重反应、自动化程度高、无污染、实时和准确等特点，该技术在医学临床检验及临床医学研究方面有着重要的意义。

实时荧光定量 PCR 技术采用封闭的检测模式，因此扩增产物导致污染的可能性比普通 PCR 要小得多，扩增产物的检测在 PCR 扩增过程中同时进行，并且数据的采集、分析可以全部由仪器自动完成，因此整个检测所需的时间比普通 PCR 要节省许多，检测模式功能强大，具备定性、定量、突变、多项目等检测功能。而普通 PCR 要完成上述项目需采用不同的技术平台。

实时荧光定量 PCR 技术是 DNA 定量技术的一次飞跃，应用广泛。应用该技术，可以对 DNA、RNA 样品进行定量和定性分析，包括 mRNA 表达的研究、DNA 拷贝数的检测、单核苷酸多态性(SNPs)的测定等。定量分析既可以得到某个样本中基因的复制数和浓度；也可以对不同方式处理的两个样本中的基因表达水平进行比较。此外还可以对 PCR 产物或样品进行定性分析：例如利用熔解曲线分析识别扩增产物和引物二聚体，以区分非特异扩增；利用特异性探针进行基因型分析及 SNP 检测等。目前实时荧光 PCR 技术已经被广泛应用于某些基础科学研究、临床诊断、疾病研究及药物研发等领域。

第四节 样品的处理与注意事项

一、样品处理

DNA 是染色体的主要组成部分，是 PCR 的扩增模板，要进行 PCR，研究 DNA 结构与功能或者用于诊断，首先必须从生物体内提取 DNA。DNA 往往以核蛋白的形式存在，其分子量大(人的染色体 DNA 的平均大小为 3.0×10^9 bp)，提取 DNA 时应尽量保持 DNA 的完整性和纯度，即在提取中尽量避免机械张力引起的 DNA 分子降解，又要注意杂质及蛋白的去除，防止胞内酶解 DNA。因此，提取 DNA 的基本过程是：用 Proteinase K 及 SDS，在 EDTA 存在下，裂解细胞，消化蛋白质，使核蛋白解聚及胞内 DNA 酶失活，然后用酚氯仿多次提取，去除蛋白质，假如在 DNA 中混有少量 RNA，可用 RNase 去除，最后用乙醇沉淀得到 DNA。

理论上 PCR 对模板 DNA 纯度及完整性的要求并不高，细胞经过热变性使 DNA 释出就可以作为模板，依赖引物选择性进行扩增。这对拷贝数很多的基因组来说确实如此。但当待扩增的拷贝数甚少而无关细胞甚多时则扩增就不易成功，其原因是：① 非希望的扩增增多，掩盖了所需扩增的片段，使其数量减少至不能检测到的程度。② 生物样品中的杂质会抑制 PCR 反应,最主要的是血液和琼脂糖。对于含血液的样品,可以用渗透压溶解红细胞,离心集取细胞核,洗除血红蛋白,再用蛋白酶表面活性剂处理的方法来解决。另一简单的方法是煮沸,使之释放 DNA,并沉淀血红蛋白,用上清液作 PCR。

PCR 前处理各种标本的基本方法如下:

(一) 所需溶液

1. PBS(以下简称溶液 1)

0.85% W/V NaCl,66 mmol/L Na_3PO_4(pH 7.0)。

2. 含表面活性剂及蛋白酶 K 的 PCR 缓冲液(以下简称溶液 2)

50 mmol/L KCl,10 mmol/L Tris-HCl(pH 8.3),2.5 mmol/L $MgCl_2$,0.1 mg/mL 明胶,0.45% NP40,0.45%吐温 20。

高压灭菌,冷冻储存。临用前加 0.6 μL 的 10 mg/mL 蛋白酶 K(水溶液)至 100 μL 溶液中。

3. 溶血缓冲液(以下简称溶液 3)

0.32 mol/L 蔗糖,10 mmol/L Tris-HCl(pH 7.5),5 mmol/L $MgCl_2$,1% Triton X-100。

(二) 提取方法

1. 聚蔗糖-泛影葡胺梯度法

用聚蔗糖-泛影葡胺梯度法从血液或培养细胞分离单核细胞(当 PBC<10%细胞数时用此程序)。

(1) 将细胞样品用 PBS 稀释至 10 mL,置于 15 mL 锥形离心管中。

(2) 100×g 离心 2~5 min,吸去上清液。

(3) 细胞再悬浮于 10 mL PBS 中重新离心洗涤。

(4) 沉淀物悬浮于溶液 2,使细胞浓度约为 6×10^6/mL,移至 1.5 mL 离心管中。

(5) 50~60 ℃保温 1 h。

(6) 95 ℃保温 10 min 使蛋白酶变性。

(7) 冷冻储存。

如果 RBC 多于细胞数的 10%,则用 PBS 洗 1 次(步骤(1)、(2))后,悬浮于 1 mL 溶液 3,并转移至 1.5 mL 离心管中,如步骤(2)离心 1 次,再悬浮于溶液 2 中按步骤(4)继续进行。

2. 全血法

全血法使胞膜溶解,故胞浆 DNA 丢失,约可得到 20 μg DNA/0.5 mL 血。

(1) 0.5 mL 全血与 0.5 mL 溶液 3 共置于 1.5 mL 离心管中。

(2) 13 000×g 离心 20 s。

(3) 吸去上清液,加 1 mL 溶液 3,旋涡混合,使沉淀重新悬浮。

(4) 重复步骤(2)～(3)2 次。

(5) 13 000×g 离心 2 s,吸去上清液,悬浮于 0.5 mL 溶液 2 中。

(6) 按方法 1 中的步骤(5)～(7)进行。

3. 拭子法

(1) 用 PBS 预温的拭子从宫颈、阴道或阴茎采样。

(2) 拭子置入 2 mL PBS(含抗霉剂)于 15 mL 离心管中,室温可保存 24 h,置 4 ℃可保存更长时间。也可用旋涡混合器振荡使细胞加速游离。

(3) 取出拭子,2 000～13 000×g 离心 5 min,吸去上清液。

(4) 如含 RBC 则加 1 mL 溶液 3,转移至 1.5 mL E 管中,按方法 1 中步骤(2)开始进行。

(5) 如不含 RBC 则加溶液 2,按方法 1 中步骤(4)进行。

4. 头发法

(1) 拔下头发,剪下头皮近端 0.5 cm 段。

(2) 置入 0.4 mL 溶液 2 中(1.5 mL 离心管)。

(3) 按方法 1 中步骤(5)～(7)进行。用 50 μL 体系作 PCR。

5. 血细胞 RNA 用焦碳酸二乙酯(DEP)抑制 RNase,NP-40 溶胞但不溶核

(1) 用聚蔗糖-泛影葡胺或其他方法分离单核细胞。

(2) 置于 2 mL 离心管中,加 PBS 至细胞中,500×g 离心 5 min。

(3) 配制 DEP 溶液:用无水乙醇将 DEP 按 9+1 稀释,再用 0.5%的 NP-40 按 1∶999 稀释(抑制 RNase)。

(4) 细胞沉淀中加 200～400 μL 此溶液,旋涡混合。

(5) 13 000×g 离心 10 s。

(6) 上清液转移至新管中,37 ℃保温 20 min,90 ℃加热 10 min。

(7) 离心,上清液转移至新管。取 5～10 μL 做反转录。

(8) 如果反转录失败,可能是由于 DEP 残留。可将样品在 90 ℃加热 5 min,再做实验。

(9) 本法也可用于培养细胞。

二、注意事项

PCR 只需几个 DNA 分子作模板就可大量扩增,应注意防止反应体系被痕量

DNA 模板污染和交叉污染，这是造成假阳性最大的可能。下面所举的例子可形象说明污染的严重性。

典型的 PCR 反应可在 100 μL 反应液中扩增 10^{12} 个 DNA，如将此液倾入 50 m×25 m×2 m 的游泳池中，充分混合后取 0.1 mL 池水，其中含有 40 个分子的 DNA，用 PCR 扩增即可呈阳性，这一点对检测 HIV 更为重要。常规只要 15 个拷贝的核酸即可查出。假阳性结果往往来自痕量污染和交叉污染，尤其在待扩增靶序列浓度低的情况下，更有必要采取防备措施。

(1) DNA 处理最好用硅烷化塑料管以防黏附在管壁上，所有缓冲液吸头、离心管等用前必须进行高压处理，常规消耗用品用后需做一次性处理，避免反复使用造成污染。

(2) PCR 在超净台内进行，操作前后用紫外灯消毒。超净台内设内供 PCR 用微量离心机、一次性手套、整套移液器和其他必需品；移液品用一次性吸头和活塞的正向排液器，防止移液器基部污染。

(3) PCR 操作者应戴手套并勤于更换。

(4) 成套试剂，小量分装，专一保存，防止它用。配制试剂要使用新器具，用后做一次性处理。

(5) 试剂管使用前先瞬时离心(10 s)，使液体沉于管底，减少污染手套与加样器的机会。

(6) 最后加模板 DNA，马上盖好，混匀，瞬时离心(10 s)，使水相与有机相分开。加入模板时切忌喷雾污染，所有非即用管都应盖严。加入模板 DNA 后应更换手套。

(7) 实验设阳性、阴性对照组。

第九章　核酸的分离纯化技术——离心技术的应用

一、核酸的理化性质

RNA和核苷酸的纯品都为白色粉末或结晶，DNA则为白色类似石棉样的纤维状物。除肌苷酸、鸟苷酸具有鲜味外，核酸和核苷酸大都呈酸味。DNA、RNA和核苷酸都是极性化合物，一般都溶于水，不溶于乙醇、氯仿等有机溶剂，它们的钠盐比游离酸易溶于水，RNA钠盐在水中的溶解度可达40 g/L，DNA在水中的溶解度为10 g/L，呈黏性胶体溶液；在酸性溶液中，DNA、RNA易水解；在中性或弱碱性溶液中较稳定。

天然状态的DNA是以脱氧核糖核蛋白(DNP)形式存在于细胞核中。要从细胞中提取DNA，必须先把DNP抽提出来，然后把蛋白质除去，再除去细胞中的糖、RNA及无机离子等，最后从中分离出DNA。

二、核酸分离与纯化的原则

核酸在细胞中总是与各种蛋白质结合在一起。核酸的分离主要是将核酸与蛋白质、多糖、脂肪等生物大分子物质分开。在分离核酸时应遵循以下原则：保证核酸分子一级结构的完整性，排除其他分子污染。

三、核酸分离与纯化的步骤

大多数核酸分离与纯化的方法一般都包括了细胞裂解、酶处理、核酸的分离与纯化等几个主要步骤。每一步骤又可由多种不同的方法单独或联合实现。

1. 细胞裂解

核酸必须从细胞或其他生物物质中释放出来。细胞裂解可通过机械作用、化学作用、酶作用等方法实现。

(1) 机械作用:包括低渗裂解、超声裂解、微波裂解、冻融裂解和颗粒破碎等物理裂解方法。这些方法都是用机械力使细胞破碎,但机械力也可引起核酸链的断裂,因而不适用于高分子量长链核酸的分离。有报道称超声裂解法提取的核酸片段长度在 500 bp 到 20 kb 范围,而颗粒匀浆法提取的核酸一般小于 10 kb。

(2) 化学作用:在一定的 pH 环境和变性条件下,细胞破裂,蛋白质变性沉淀,核酸被释放到水相。上述变性条件可通过加热、加入表面活性剂(SDS、TritonX-100、Tween20、NP-40、CTAB、sarcosy l、Chelex-100 等)或强离子剂(异硫氰酸胍、盐酸胍、肌酸胍)而获得。而 pH 环境则由加入的强碱(NaOH)或缓冲液(TE、STE 等)提供。在一定的 pH 环境下,表面活性剂或强离子剂可使细胞裂解、蛋白质和多糖沉淀,缓冲液中的一些金属离子螯合剂(EDTA 等)可螯合对核酸酶活性所必需的金属离子(Mg^{2+}、Ca^{2+}),从而抑制核酸酶的活性,保护核酸不被降解。

(3) 酶作用:主要是通过加入溶菌酶或蛋白酶(蛋白酶 K、植物蛋白酶或链霉蛋白酶)以使细胞破裂,核酸释放。蛋白酶还能降解与核酸结合的蛋白质,促进核酸的分离。其中溶菌酶能催化细菌细胞壁的蛋白多糖 N-乙酰葡糖胺和 N-乙酰胞壁酸残基间的 β-(1,4)键水解。蛋白酶 K 能催化水解多种多肽键,其在 65 ℃及有 EDTA、尿素(1～4 mol/L)和去污剂(0.5% SDS 或 1% Triton X-100)存在时仍保留酶活性,这有利于提高对高分子量核酸的提取效率。在实际工作中,酶作用、机械作用、化学作用经常联合使用。具体选择哪种或哪几种方法可根据细胞类型、待分离的核酸类型及后续实验目的来确定。

2. 酶处理

在核酸提取的过程中,可通过加入适当的酶使不需要的物质降解,以利于核酸的分离与纯化。如在裂解液中加入蛋白酶(蛋白酶 K 或链霉蛋白酶)可以降解蛋白质,灭活核酸酶(DNase 和 RNase),DNase 和 RNase 也可用于去除不需要的核酸。

3. 核酸的分离与纯化

核酸的高电荷磷酸骨架使其比蛋白质、多糖、脂肪等其他生物大分子物质更具亲水性,根据它们理化性质的差异,用选择性沉淀、层析、密度梯度离心等方法可将核酸分离、纯化。

(1) 酚提取/沉淀法:核酸分离的一个经典方法是酚∶氯仿抽提法。细胞裂解后离心分离含核酸的水相,加入等体积的酚∶氯仿∶异戊醇(25∶24∶1)混合液。依据应用目的,两相经漩涡振荡混匀(适用于分离小分子量核酸)或简单颠倒混匀(适用于分离高分子量核酸)后离心分离。疏水性的蛋白质被分配至有机相,核酸则被留于上层水相。酚是一种有机溶剂,预先要用 STE 缓冲液饱和,因未饱和的酚会吸收水相而带走一部分核酸。酚也易氧化发黄,而氧化的酚可引起核酸链中磷酸二酯键断裂或使核酸链交联;故在制备酚饱和液时要加入 8-羟基喹哼,以防止酚氧化。氯仿可去除脂肪,使更多蛋白质变性,从而提高提取效率。异戊醇则可减少操作过程中产生的气泡。核酸盐可被一些有机溶剂沉淀,通过沉淀可浓缩核酸,改变核酸溶解缓冲液的种类以及去除某些杂质分子。典型的例子是在酚、氯仿抽提后用乙醇沉淀,在含核酸的水相中加入 pH 5.0~5.5,终浓度为 0.3 mol/L 的 NaOAc 或 KOAc 后,钠离子会中和核酸磷酸骨架上的负电荷,在酸性环境中促进核酸的疏水复性。然后加入 2~2.5 倍体积的乙醇,经一定时间的孵育,可使核酸有效地沉淀。其他的一些有机溶剂[异丙醇、聚乙二醇(PEG)等]和盐类(10.0 mol/L 醋酸铵、8.0 mol/L 的氯化锂、氯化镁和低浓度的氯化锌等)也用于核酸的沉淀。不同的离子对一些酶有抑制作用或可影响核酸的沉淀和溶解,在实际使用时应予以选择。经离心收集,核酸沉淀用 70%的乙醇漂洗以除去多余的盐分,即可获得纯化的核酸。

(2) 层析法:层析法是利用不同物质某些理化性质的差异而建立的分离分析方法。层析法包括吸附层析、亲和层析、离子交换层析等。因分离和纯化同步进行,并且有商品试剂盒供应,层析法被广泛应用于核酸的纯化。

(3) 密度梯度离心法:密度梯度离心也用于核酸的分离和分析。双链 DNA、单链 DNA、RNA 和蛋白质具有不同的密度,因而可经密度梯度离心形成不同密度的纯样品区带,该法适用于大量核酸样本的制备,其中氯化铯-溴化乙锭梯度平衡离心法被认为是纯化大量质粒 DNA 的首选方法。氯化铯是核酸密度梯度离心的标准介质,梯度液中的溴化乙锭与核酸结合,离心后形成的核酸区带经紫外灯照射,产生荧光而被检测,用注射针头穿刺回收后,通过透析或乙醇沉淀除去氯化铯而获得纯化的核酸。

第二篇　生物化学与分子生物学实验

实验一　蛋白质的沉淀、变性反应

【实验目的】

(1) 掌握盐析和透析等生物化学的操作技术。

(2) 熟悉蛋白质变性的概念和作用原理。

(3) 了解蛋白质的沉淀反应、变性作用和凝固作用的原理及它们的相互关系。

【实验原理】

在水溶液中，蛋白质分子的表面，由于形成水化层和双电层而成为稳定的胶体颗粒，所以蛋白质溶液和其他亲水胶体溶液类似。但是，蛋白质胶体颗粒的稳定性是有条件的、相对的。在一定的物理化学因素影响下，蛋白质颗粒失去电荷、脱水，甚至变性，以固态形式从溶液中析出，这个过程称为蛋白质的沉淀反应。

【实验器材】

试管，试管架，小玻璃漏斗，滤纸，玻璃纸，玻璃棒，透析夹，500 mL 烧杯，10 mL 量筒。

【实验试剂】

(1) 蛋白质溶液：取 5 mL 鸡蛋清或鸭蛋清，用蒸馏水稀释至 100 mL，搅拌均匀后用 4～8 层纱布过滤，新鲜配制。

(2) 蛋白质 NaCl 溶液：取 20 mL 蛋清，加蒸馏水 200 mL 和饱和 NaCl 溶液 100 mL(加入 NaCl 溶液的目的是溶解球蛋白)，充分搅匀后，以纱布滤去不溶物。

(3) $(NH_4)_2SO_4$ 粉末。

(4) 饱和$(NH_4)_2SO_4$ 溶液。

(5) 3% $AgNO_3$ 溶液。

(6) 0.5% $Pb(Ac)_2$ 溶液。

(7) 10%三氯乙酸溶液。

(8) 浓 HCl。

(9) 浓 H_2SO_4。

(10) HNO_3。

(11) 0.5%磺基水杨酸溶液。

(12) 0.1% $CuSO_4$ 溶液。

(13) 饱和 $CuSO_4$ 溶液。

(14) 0.1% HAc 溶液。

(15) 10% HAc 溶液。

(16) 饱和 NaCl 溶液。

(17) 10% NaOH 溶液。

【操作步骤】

1. 蛋白质的可逆沉淀反应——蛋白质的盐析作用

取 1 支试管加入 3 mL 蛋白质 NaCl 溶液和 3 mL 饱和$(NH_4)_2SO_4$溶液，混匀，静置约 10 min，球蛋白沉淀析出，过滤后向滤液中加入$(NH_4)_2SO_4$粉末，边加边用玻璃棒搅拌，直至粉末不再溶解，达到饱和为止。析出的沉淀为清蛋白。静置，倒去上部清液，清蛋白沉淀，取出部分加水稀释，观察它是否溶解，留存部分作透析使用。

2. 蛋白质的不可逆沉淀反应

(1) 重金属沉淀蛋白质：取 3 支试管，各加入约 1 mL 蛋白质溶液，分别加入 3% $AgNO_3$ 3～4 滴，0.5% $Pb(Ac)_2$ 1～3 滴和 0.1% $CuSO_4$ 3～4 滴，观察沉淀的生成。第 1 支试管的沉淀留作透析用，然后向第 2、第 3 支试管再分别加入过量的 $Pb(Ac)_2$和 $CuSO_4$溶液，观察沉淀的再溶解。

(2) 有机酸沉淀蛋白质：有机酸能使蛋白质沉淀。三氯乙酸和磺基水杨酸最有效，能将血清等生物体液中的蛋白质完全除去，因此应用广泛。

取 2 支试管，各加入约 0.5 mL 蛋白质溶液，然后分别滴加 10%三氯乙酸和 0.5%磺基水杨酸溶液数滴，观察蛋白质的沉淀。

(3) 无机酸沉淀蛋白质：取 3 支试管，分别加入浓 HCl 15 滴，浓 H_2SO_4 10 滴、浓 HNO_3 10 滴。小心地沿 3 支试管的管壁分别加入蛋白质溶液 6 滴，不要摇动，观察各管内两液界面处有无白色环状蛋白质沉淀出现。待沉淀出现后，摇动每个试管。蛋白质沉淀应在过量的 HCl 及 H_2SO_4 中溶解。在含有 HNO_3的试管中，蛋白质沉淀虽经振荡，也不会溶解。

(4) 加热沉淀蛋白质：取 5 支试管、编号，按表 2.1.1 加入有关试剂。

表 2.1.1 蛋白质溶液的加液步骤

管号	蛋白质溶液（滴）	0.1% HAc（滴）	10% HAc（滴）	饱和 NaCl（滴）	10% NaOH（滴）	蒸馏水（滴）
1	10	—	—	—	—	7
2	10	5	—	—	—	2
3	10	—	5	—	—	2
4	10	—	5	2	—	—
5	10	—	—	—	2	5

将各试管的试剂混匀，观察记录各管的现象后，放入沸水浴中加热 10 min，注意观察比较各管的沉淀情况。然后将第 3、4、5 号试管分别用 10% NaOH 溶液或 10% HAc 溶液中和，观察并解释实验结果。

将 3、4、5 号管继续分别加入过量的酸或碱，观察它们发生的现象；接着用过量的酸或碱中和第 3、5 号管，沸水浴加热 10 min，观察沉淀变化，检查这种沉淀是否溶于过量的酸或碱中，并解释实验结果。

3. 蛋白质可逆沉淀与不可逆沉淀的比较

(1) 在蛋白质可逆沉淀反应中，将 $(NH_4)_2SO_4$ 盐析所得的清蛋白沉淀倒入透析袋内，用透析夹将透析袋的袋口夹紧，并系在玻璃棒上，使透析袋浸入盛有蒸馏水的烧杯中进行透析。每隔 30 min 换一次水，细心观察透析现象。

(2) 在蛋白质不可逆沉淀反应中，将 $AgNO_3$ 沉淀所得到的蛋白质沉淀倒入透析袋内，如前法进行透析。透析 1 h 左右，比较以上两透析袋中蛋白质沉淀所发生的变化，并加以解释。

【复习思考】

(1) 为什么鸡蛋清可用作铅中毒或汞中毒的解毒剂？

(2) 高浓度的 $(NH_4)_2SO_4$ 对蛋白质溶解度有何影响，为什么？

(3) 在蛋白质可逆沉淀反应的实验中，为何要用蛋白质 NaCl 溶液？

实验二　紫外吸收法测定蛋白质含量

【实验目的】

（1）掌握紫外分光光度计测定蛋白质含量的方法。

（2）熟悉标准曲线的绘制方法。

（3）了解蛋白质的紫外吸收特性和紫外分光光度法测定蛋白质含量的原理。

【实验原理】

由于蛋白质中存在着含有共轭双键的酪氨酸和色氨酸，因此蛋白质具有吸收紫外光的性质，吸收高峰在 280 nm 波长处。在此波长范围内，蛋白质溶液的光密度值（OD_{280}）与其浓度成正比关系，可作定量测定。

1. 波长的选择

（1）当光线透过溶液时，溶液将一部分光能吸收，透过光的强度就会减弱。

（2）不同物质的溶液对于不同波长的光的吸收程度是不同的。只对某一个或几个波长的光的吸收最强，这是由分子的结构特性所决定的。故在对溶液进行定量测定时，应选择该溶液吸收最强的单色光作为入射光，才能保证良好的灵敏度。

（3）蛋白质分子中的酪氨酸、苯丙氨酸和色氨酸等残基的苯环含有共轭双键，具有此种结构的化合物有吸收紫外光的能力，并且表现出特征性的紫外吸收峰。其中酪氨酸的 λ_{max} 为 275 nm，苯丙氨酸的 λ_{max} 为 257 nm，色氨酸的 λ_{max} 为 280 nm。在此波长范围内，蛋白质溶液的光吸收值与其浓度成正比，以此可进行蛋白质的定量测定。

2. 朗伯-比尔定律

当单色光透过溶液后，透过光强度的减弱程度与溶液的浓度和厚度有关。在大量实验的基础上，建立了朗伯-比尔定律，公式为

$$A = k \cdot L \cdot c$$

因为比色皿的常用光程长度（L）为 1 cm，k 为常数，故可看作 $A = k \cdot c$，此方程为通过原点的线性直线，通过绘制标准曲线图，可测定未知溶液的吸光度并推测未知溶液的浓度。

紫外吸收法的优点是：迅速、简便、不消耗样品，低浓度盐类不干扰测定。因此，本法已在蛋白质和酶的生化制备中广泛采用。

紫外吸收法的缺点是：① 对于测定那些与标准蛋白质中酪氨酸和色氨酸含量差异较大的蛋白质，有一定的误差，故该法适于测定与标准蛋白质氨基酸组成相似的蛋白质。② 若样品中含有嘌呤、嘧啶等吸收紫外光的物质，会出现较大干扰。例如，在制备酶的过程中，层析柱的流出液内有时混杂有核酸，应予以校正。核酸强烈吸收波长为 280 nm 的紫外光，它对 260 nm 紫外光的吸收更强。但是，蛋白质恰恰相反，蛋白质在 280 nm 处的紫外吸收值大于 260 nm 处的紫外吸收值。利用它们的这些性质，通过计算可以适当校正核酸对于测定蛋白质浓度的干扰作用。但是，因为不同的蛋白质和核酸的紫外吸收是不相同的，虽然经过校正，但测定结果还是存在着一定的误差。

【实验器材】

752N 型紫外可见分光光度计，玻璃移液器、吸耳球、试管。

【实验试剂】

(1) 蛋白质标准液(1.0 mg/mL)：准确称量牛白蛋白 1.0 g，少量加入蒸馏水溶解，转入 1 000 mL 容量瓶中，反复润洗 3 次，待泡沫消除，加蒸馏水至刻度线，混匀即得。

(2) 待测溶液：准确移取蛋白质标准液 120 mL，加蒸馏水至 400 mL，混匀即得。

(3) 蒸馏水。

【操作步骤】

1. 制备样本

取 8 支试管，依次标号为 1～8，按表 2.2.1 加入有关试剂。

表 2.2.1 制备样本的步骤 (单位：mL)

试剂	1	2	3	4	5	6	7	8
1 mg/mL 的蛋白质标准液	0	0.5	1.0	1.5	2.0	2.5	3.0	4.0
蒸馏水	4.0	3.5	3.0	2.5	2.0	1.5	1.0	0

将各试管的试剂混匀。在 280 nm 处测定各管溶液的光吸收值。

2. 绘制蛋白质标准曲线图

以蛋白质溶液的浓度为横坐标，光吸收值为纵坐标作出蛋白质标准曲线，为蛋白质定量提供依据。

3. 蛋白质样品定量

取待测蛋白质样品溶液,从标准曲线上查出其浓度。在 280 nm 处测得待测溶液的光吸收值,找到标准曲线图上纵坐标对应的点,过此点作横坐标平行线,平行线与标准曲线交于一点,过此交点作纵坐标的平行线,找到平行线与横坐标的交点,此点即为待测溶液的浓度。

【结果分析】

影响实验结果准确性的因素主要有:

(1) 操作过程的熟练程度。

(2) 移液管使用时需竖直摆放,不可倾斜,眼睛要与刻度平齐。

(3) 标准曲线绘制的准确度。

(4) 玻璃仪器和石英比色皿是否清洗干净。

(5) 分光光度计是否正常使用,操作过程是否准确无误。

上述任何一种因素的改变都可影响实验的结果。

【注意事项】

紫外分光光度计使用时需注意:比色皿是石英材质,比较贵重,需轻拿轻放,不可把过热的溶液倒进比色皿中;分光光度计是比较精密的仪器,开关光门需做到轻开轻关,不可猛然放手将光门砸下来;倒入比色皿的溶液的体积占比色皿容积的1/2~2/3,溶液过少则光源无法透过,溶液过多则会溢出比色皿,影响测定结果;使用结束后将比色皿用蒸馏水冲洗干净,倒扣在滤纸上,不可用纸擦拭比色皿,以免在镜面上造成擦痕,影响吸光度测定的准确性。

【复习思考】

(1) 使用 752N 型紫外可见分光光度计时需要注意些什么?

(2) 本法与 Folin-酚比色测定蛋白质含量法相比,有何缺点及优点?

(3) 若样品中含有核酸类杂质,应如何校正?

实验三　血清甘油三酯含量测定

【实验目的】

(1) 掌握血清中甘油三酯含量测定的原理及操作方法。

(2) 熟悉 722N 型紫外可见分光光度计的使用方法。

(3) 了解血清甘油三酯含量测定的临床意义。

【实验原理】

用异丙醇抽提血清脂类,以氧化铝除去磷脂、甘油、葡萄糖,以氢氧化钾(KOH)溶液将甘油三酯皂化成甘油,再用高碘酸钠($NaIO_4$)将甘油氧化成甲醛。甲醛同乙酰丙酮以及氨缩合形成黄色的 3,5-二乙酰-1,4-二氢二甲吡啶,与同样处理的标准液比色后,即可求得血清中甘油三酯的含量。

其反应式如下:

甘油三酯 + 3KOH ⟶ 甘油 + 3 脂肪酸

甘油 + $NaIO_4$ ⟶ 2 甲醛 + 甲酸

甲醛 + 2 乙酰丙酮 + 氨 ⟶ 3,5- 二乙酰 -1,4- 二氢二甲吡啶

【实验器材】

水浴锅,722N 型紫外可见分光光度计。

【实验试剂】

(1) 异丙醇溶液:要求无醛,用分析纯并需重蒸馏获得。

(2) 三氧化二铝:将层析活性 1 级的中性三氧化二铝用约 4 倍体积的蒸馏水洗涤 8～10 次,直至细颗粒完全被除去,然后将三氧化二铝置于 100～110 ℃烤箱中干燥 15～18 h,储于密塞的容器中。

(3) 皂化试剂:取分析纯氢氧化钾 10 g 溶于 75 mL 蒸馏水中,再加异丙醇溶液 25 mL,至棕色瓶中保存。

(4) $NaIO_4$ 试剂:称取无水醋酸铵 7.7 g 溶于 70 mL 蒸馏水中,加冰醋酸

6 mL、$NaIO_4$ 65 mg，再加蒸馏水至 100 mL。储于棕色瓶中置室温保存，至少 6 个月使用有效。

(5) 乙酰丙酮：准确吸取乙酰丙酮 0.4 mL，加异丙醇溶液至 100 mL，储于棕色瓶中置室温保存，至少 6 个月使用有效。

(6) 标准存储液（浓度为 10 mg/mL）：精确称取三油脂酰甘油 1 g 溶于异丙醇溶液中（以异丙醇稀释至 100 mL），置冰箱保存，至少 2 个月使用有效。

(7) 标准应用液（浓度为 2 mg/mL）：取标准存储液 2 mL 放入 10 mL 容量瓶中，用异丙醇稀释至 10 mL，置冰箱保存，使用有效期为 1 周，需每周配制 1 次。

【操作步骤】

取 3 支带塞离心管，标明“空白管”“标准管”“待测管”，按表 2.3.1 加入有关试剂。

表 2.3.1　血清甘油三酯含量的测定步骤　（单位：mL）

操作步骤	试剂	空白管	标准管	待测管
抽提	蒸馏水	0.1	—	—
	标准应用液	—	0.1	—
	血清	—	—	0.1
	异丙醇	4.0	4.0	4.0
	三氧化二铝	0.4	0.4	0.4
置于康氏振荡器上振荡 15 min，分别取上清液				
皂化	上清液	2.0	2.0	2.0
	皂化试剂	0.6	0.6	0.6
混匀，65 ℃水浴 5 min				
氧化	碘酸钠	1.5	1.5	1.5
充分混匀				
显色	乙酰丙酮	1.5	1.5	1.5
混匀，65～70 ℃水浴 15 min，取出冷却				

【结果分析】

将表 2.3.1 的数据代入下面给出的公式中：

$$C_{测} = \frac{C_{标} \cdot A_{测}}{A_{标}}$$

式中,$C_{测}$ 为血样中甘油三酯的浓度;$C_{标}$ 为标准液中甘油三酯的浓度;$A_{测}$ 为待测管吸光度;$A_{标}$ 为标准管吸光度。而 $C_{标} = 2$ mg/mL,代入计算后将 $C_{测}$ 换算为百分毫克单位即可。

血清甘油三酯的正常值:男 50～155 mg/dL;女 40～115 mg/dL。

【注意事项】

(1) 乙酰丙酮与甲醛及氨作用生成黄色的3,5-二乙酰-1,4-二氢二甲吡啶,其吸收峰在波长 415 nm 处,用 722N 型紫外可见分光光度计于波长 420 nm 处比色,仍可取得满意结果。

(2) 黄疸、溶血对本实验基本无影响,血液标本内加入的抗凝剂,如肝素、EDTA-2Na和草酸钠对本实验均无干扰,但是柠檬酸钠在通常浓度下会使本实验所测的结果偏低。

(3) 操作中只能将异丙醇溶液先混合再加入血清,或血清加入异丙醇溶液中混合,然后加入三氧化二铝,不能将三氧化二铝与异丙醇溶液先混合再加入血清,这样会使实验结果受到很大影响。

(4) 振荡时间不是主要的,主要的是振荡方式。试管要立于管架上振荡,不能将三氧化二铝与标本充分混合,磷脂不能充分被吸附,最好用有磨口塞的试管横卧于振荡器内振荡 15 min。

【复习思考】

(1) 简述甘油三酯含量测定的原理和操作过程。

(2) 简述甘油三酯含量测定的临床意义。

实验四　血清丙氨酸氨基转移酶活性测定(赖氏法)

【实验目的】

(1) 掌握血清丙氨酸氨基转移酶活性测定(赖氏法)的原理及注意事项。

(2) 熟悉 722N 紫外可见分光光度计的使用方法和微量移液器的使用;规范进行血清丙氨酸氨基转移酶活性测定。

(3) 了解血清丙氨酸氨基转移酶活性测定的临床意义。

【临床意义】

血清丙氨酸氨基转移酶广泛存在于一般组织细胞中,肝细胞中此酶的含量最多。当机体发生肝炎、中毒性肝细胞坏死等肝病时,肝细胞破裂,血清中此酶的含量增加,其他疾病如心肌梗死、心肌炎等此酶亦有增高。故血清丙氨酸氨基转移酶含量的测定,在临床诊断上具有重要意义。

【实验原理】

本实验采用比色法。氨基转移酶能够催化 α-氨基酸的氨基转移到 α-酮酸的酮基位置上,产生新的 α-酮酸和新的 α-氨基酸这一类酶。根据作用的氨基酸和酮酸的不同可有多种氨基酸转移酶。其中以丙氨酸氨基转移酶(ALT)和天冬氨酸氨基转移酶(AST)最为重要。

L-丙氨酸和 α-酮戊二酸在血清 ALT 的催化下生成 α-丙氨酸和 L-谷氨酸。经一定时间反应后,加入 2,4-二硝基苯肼终止反应,并与反应液中的两种 α-酮酸的羰基发生加成反应,生成相应的 2,4-二硝基苯腙(呈黄色),苯腙在碱性条件下呈红棕色。两种苯腙的吸收光谱曲线有差别,在 500～520 nm 差异最大。以等摩尔浓度计算,α-丙酮酸 2,4-二硝基苯腙的呈色强度约为 α-酮戊二酸 2,4-二硝基苯腙的 3 倍,据此特点,可计算出丙酮酸的生成量。由于反应体系中丙酮酸的量与血清中 ALT 的活性成正比,故可以求得血清中 ALT 的活性。反应过程如下:

丙氨酸 + α-酮戊二酸 $\xleftrightarrow{ALT}$ 丙酮酸 + 谷氨酸
+ +
2,4-二硝基苯肼 2,4-二硝基苯肼
↓NaOH ↓NaOH
2,4-二硝基苯腙(红棕色) 2,4-二硝基苯腙(红棕色)

【实验器材】

722N型紫外可见分光光度计,恒温水浴锅,微量移液器(分别是0.1 mL、0.5 mL、0.5 mL、5.0 mL),试管,坐标纸。

【实验试剂】

(1) ALT底物液:准确称量α-酮戊二酸292 mg、L-丙氨酸17.9 g,加入0.1 mol/L NaOH 50 mL溶解,转入1 000 mL容量瓶中,用0.1 mol/L pH 7.4磷酸缓冲液反复润洗3次,加入0.1 mol/L pH 7.4磷酸缓冲液至刻度线,混匀即得。

(2) 1 mmol/L 2,4-二硝基苯肼:称2,4-二硝基苯肼19.8 mg,用10 mol/L HCl 10 mL溶解后,加蒸馏水稀释至100 mL,置于棕色瓶中,4 ℃冰箱保存,如有结晶析出应重新配制。

(3) 10 mol/L HCl溶液:精密量取36%～38% HCl溶液41.5 mL,加蒸馏水至50 mL,定容,摇匀即可。

(4) 0.4 mol/L NaOH溶液:称量16.0 g NaOH,于蒸馏水中溶解后,定容至1 000 mL,置于加盖塑料试剂瓶中,室温下可长期保存。

(5) 2.0 mmol/L丙酮酸标准液:精确称量丙酮酸钠22.0 mg于100 mL容量瓶中,加0.1 mol/L pH 7.4磷酸缓冲液至刻度线。

(6) 小牛血清。

【操作步骤】

1. 标准曲线的制备

取6只试管,依次标号为0～5,按表2.4.1加入相关试剂。

表 2.4.1 标准曲线的制备步骤 (单位:mL)

试剂	管号					
	0	1	2	3	4	5
2 mmol/L 丙酮酸标准液	0.00	0.05	0.10	0.15	0.20	0.25
ALT 底物液	0.50	0.45	0.40	0.35	0.30	0.25
0.1 mol/L pH 7.4 磷酸盐缓冲液	0.10	0.10	0.10	0.10	0.10	0.10
混匀,37 ℃水浴保温 30 min						
2,4-二硝基苯肼	0.5	0.5	0.5	0.5	0.5	0.5
混匀,37 ℃水浴保温 20 min						
0.4 mol/L NaOH	5.0	5.0	5.0	5.0	5.0	5.0
相当于丙酮酸实际含量(μmol)	0	0.1	0.2	0.3	0.4	0.5
相当于 ALT 活性单位	0	28	57	97	150	200

将各试管的试剂混匀,室温下静置 10 min,于 30 min 内比色。用 520 nm 波长,蒸馏水调零,读取各管的光密度值,将各管的光密度减去 0 号光密度,所得的差值为纵坐标的数值,与其对应的 ALT 活性单位数为横坐标的数值,作图,绘成标准曲线。

2. ALT 活性的测定

取 2 只试管,标明“测定管”“对照管”,按表 2.4.2 加入相关试剂。

表 2.4.2 ALT 活性的测定步骤 (单位:mL)

加入物	测定管	对照管
血清	0.1	0.1
ALT 底物液	0.5	—
37 ℃水浴保温 30 min		
2,4-二硝基苯肼	0.5	0.5
ALT 底物液	—	0.5
混匀,37 ℃水浴保温 20 min		
0.4mol/L NaOH	5.0	5.0

将各试管的试剂混匀,室温下静置 10 min 后,用 520 nm 波长进行比色。蒸馏

水调零,读取各管光密度值。将测定管光密度减去对照管光密度,以所得差值从标准曲线查出其相应的 ALT 活性单位。

【结果分析】

影响实验结果准确性的因素主要有:

(1) 操作过程的熟练程度。

(2) 微量移液器使用时需注意操作方法。

(3) 标准曲线绘制的准确度。

(4) 玻璃仪器和比色皿是否清洗干净。

(5) 分光光度计使用是否正常,操作过程是否无误。

上述任何一种因素的改变都可影响实验的结果。

【注意事项】

(1) 测定管和对照管都出现红棕色,冷却后测定吸光值,用两者相减后所得差值,在绘制的标准曲线图上查出相应的 ALT 活性单位,并记录在实验报告上。

(2) 两管为平行实验,必须在同样的条件下同时完成操作过程,如果一管出错,两管都要重做。

(3) 微量移液器使用时有两档,吸入时轻按到一档,轻放,将液体吸入枪头。压出时用力按下到二档,将枪头中的液体全部压入试管中。

【复习思考】

(1) 实验中,2,4-二硝基苯肼的作用是什么?为什么它能终止反应?

(2) 如果待测血清 ALT 超过 150 卡门氏单位,应如何处理?

(3) 赖氏法测定血清 ALT 是校准曲线为何不是直线?绘制校准曲线时应注意哪些问题?

(4) 简述固定时间法测定酶活性的优缺点。

实验五　血糖的定量测定（葡萄糖氧化酶法）

【实验目的】

(1) 掌握血糖测定的方法与原理。

(2) 熟悉血糖含量的调节机制。

(3) 了解血糖含量的正常范围及生理意义。

【临床意义】

血糖的定量测定可用于血清或血浆中葡萄糖含量的体外测定。葡萄糖的准确测定对于诊断高血糖症是十分重要的。通常在查找这些病症的起因时，还要将各种耐量实验和抑制实验与葡萄糖测定一同进行。葡萄糖含量增高见于：糖尿病、葡萄糖摄入过量、胰岛素抵抗、柯兴氏综合征、脑血管意外等。葡萄糖含量减少见于：胰岛素瘤、胰岛素过量、先天性碳水化合物代谢障碍等。

【实验原理】

本实验用葡萄糖氧化酶法测定血糖含量。葡萄糖氧化酶对葡萄糖有特异性催化作用，在有氧条件下，可催化葡萄糖分子中的醛基氧化，生成葡萄糖酸并产生1分子过氧化氢。后者在过氧化酶作用下释放出氧。反应中释放的氧可被4-氨基安替吡林偶联酚所接受，将酚氧化，并与4-氨基安替吡林缩合生成红色醌类化合物，其呈色深浅与葡萄糖含量成正比，在505 nm处与同样处理的葡萄糖标准液进行比色，计算葡萄糖含量。其反应式如下：

$$\text{葡萄糖} + O_2 + H_2O \xrightarrow{\text{GOD}} \text{葡萄糖酸内酯} + H_2O_2$$

$$2H_2O_2 + \text{4-氨基安替吡林} + \text{酚} \xrightarrow{\text{POD}} \text{红色醌类化合物}$$

【实验器材】

722N型紫外可见分光光度计，2只微量移液器（分别是10 μL、1 000 μL），试管，恒温水浴锅。

【实验试剂】

(1) 葡萄糖测定试剂盒——GOD-PAP 法。

① R1(缓冲液):2×50 mL;R2(酶试剂):2×50 mL。

② 标准液(5.55 mmol/L 或 100 mg/dL):1×1 mL。

③ 工作液配制:缓冲液 1 份与酶试剂 1 份等量混合(在 2~8 ℃可保存 30 天)。

④ 葡萄糖氧化酶≥10 000 U/L,过氧化物酶≥1 000 U/L,磷酸盐 70 mmol/L,酚 5 mmol/L。

⑤ 4-AAP 0.4 mmol/L,pH 7.5。

(2) 小牛血清。

(3) 蒸馏水。

【操作步骤】

1. 制备样本

取 3 支试管,标明“样本管”“标准管”“空白管”,按表 2.5.1 加入相关试剂。

表 2.5.1 制备样本的步骤 (单位:μL)

	样本管	标准管	空白管
样本	30	—	—
标准液	—	30	—
蒸馏水	—	—	30
工作液	3 000	3 000	3 000

将各试管的试剂混匀,37 ℃水浴 15 min。

2. 测定各管的吸光值

以空白管校零,在 505 nm 波长下读取标准管和测定管的 A 值。

3. 定量

血糖的定量测定,可以按以下公式计算:

$$葡萄糖含量(mmol/L)=\frac{OD_{测定管}}{OD_{标准管}}\times 标准管浓度(mmol/L)$$

【结果分析】

影响实验结果准确性的因素主要有:

(1) 操作过程的熟练程度。

(2) 微量移液器使用是否规范。

(3) 玻璃仪器和比色皿是否清洗干净。

(4) 分光光度计使用是否正常,操作过程是否无误。

上述任何一种因素的改变都可影响实验的结果。

【注意事项】

(1) 试剂与样品的用量可按其比例放大缩小,计算公式不变。

(2) 试剂不使用时,要及时加盖密封,低温避光贮藏。

【复习思考】

(1) 葡萄糖氧化酶法测定血糖的基本原理是什么?

(2) 长跑过程中消耗大量葡萄糖,是否会导致血糖浓度下降?

(3) 如何通过控制饮食防治糖尿病?

实验六 血清高密度脂蛋白——胆固醇的含量测定

【实验目的】

(1) 掌握 HDL-胆固醇的测定方法和操作技术及离心机的使用方法。

(2) 熟悉 HDL-胆固醇测定的实验原理。

(3) 了解血清脂蛋白的生理功能。

【临床意义】

高密度脂蛋白(HDL)是一种抗动脉粥样硬化的脂蛋白,它的含量与动脉管腔的狭窄程度呈负相关,因而可用来判别高脂血症如动脉粥样硬化、冠心病、高血压症等。HDL-C 低于 0.9 mmol/L 是冠心病的危险因素,其含量下降也多见于脑血管病糖尿病、肝炎、肝硬化等,高 TG 血症往往伴以低 HDL-C,肥胖者 HDL-C 也多偏低,吸烟可使其下降,饮酒及长期体力活动会使其升高。

【实验原理】

(1) 分离原理:PTA-Mg^{2+} 具有选择性沉淀含 ApoB 的脂蛋白,上清液中 HDL 以 HDL-CH 表示含量。

其反应式如下:

$$\text{胆固醇酯} + H_2O \xrightarrow{\text{胆固醇酯酶}} \text{胆固醇} + RCOOH$$

$$\text{胆固醇} + O_2 \xrightarrow{\text{胆固醇氧化酶}} \triangle^4\text{-胆甾烯酮} + H_2O_2$$

$$H_2O_2 + \text{4-AA} + \text{TOOS} \xrightarrow{\text{过氧化物酶}} \text{醌亚胺染料} + H_2O$$

(2) 以大分子多阴离子化合物(磷钨酸钠)与 2 价阳离子(镁离子)作为沉淀剂,可将血清中的低密度脂蛋白、极低密度脂蛋白和脂蛋白(α)沉淀,而存留于上清液中的只有高密度脂蛋白(HDL)。以酶法测定其中的胆固醇含量,即为 HDL-胆固醇,可作为 HDL 的定量依据。

【实验器材】

722N 型紫外可见分光光度计，恒温水浴锅，4 把微量移液器（分别是 50 μL、200 μL、200 μL、1 500 μL），离心塑料管套，试管，800B 离心机，小天平，小烧杯，滴管。

【实验试剂】

（1）小牛血清。

（2）高密度脂蛋白胆固醇测定试剂盒的配制如表 2.6.1 所示。

表 2.6.1　高密度脂蛋白胆固醇测定试剂盒的配制步骤

名称	规格	成分	浓度
试剂	100 mL	Good'S 缓冲液 PH 7.0	50 mmol/L
		胆固醇酯酶	≥1 KU/L
		胆固醇氧化酶	≥2 KU/L
		过氧化物酶	≥5 KU/L
		TOOS	2 mmol/L
		4-氨基安替吡林	1 mmol/L
沉淀剂	20 mL	磷钨酸钠	10 mmol/L
		Mg^{2+}	0.15 mol/L
标准液	1 mL	1.29 mmol/L（50 mg/dL）	

【操作步骤】

1. 制备样本

取 3 支试管，标明“空白管”“标准管”“测定管”，按表 2.6.2 加入相关试剂。

表 2.6.2　制备样本的步骤　（单位：μL）

加入物	空白管(B)	标准管(S)	测定管(T)
标本	—	—	200
标准液	—	200	—
沉淀剂	—	200	200
混匀，置室温 10 min，再以 3 000 r/min 离心 15 min，吸取上清液			

续表

加入物	空白管(B)	标准管(S)	测定管(T)
上清液	—	50	50
试剂	1 500	1 500	1 500
混匀,置 37 ℃保温 5～10 min			

2. 测定各管的吸光值

以空白管校零,在 546 nm 波长下读取标准管和测定管的 A 值。

3. 定量

高密度脂蛋白含量的测定,可以按以下公式计算(标准管浓度 1.29 mmol/L 相当于 50 mg/dL):

$$\text{HDL-C 含量(mmol/L)} = \frac{OD_{测定管}}{OD_{标准管}} \times 1.29$$

【结果分析】

影响实验结果准确性的因素主要有:

(1) 微量移液器操作不规范,取样不准确。

(2) 离心效果不佳,上清液浑浊。

(3) 试剂需低温避光贮藏,如果试剂变质,也会影响实验结果。

(4) 试剂污染等。

上述任何一种因素都可能影响测定的结果。

【注意事项】

(1) 试剂与样品的用量可按两者的比例放大或缩小,计算公式不变。

(2) 沉淀后上清液必须清晰,上清液浑浊时,不得作分析测定,应以生理盐水 1∶1 稀释后再重新离心测定,将结果所得数值乘以 2。

(3) 试剂不使用时,请及时加盖密封,低温避光贮藏。

(4) 离心机使用前必须进行配平;使用时试管必须放在塑料管套中,避免离心时试管被绞碎,损坏离心机并对实验者造成伤害;离心机运行必须逐渐加速,不可将速度猛然提升。

【复习思考】

(1) 血清 HDL 有何生理意义? 为什么说 HDL 是抗动脉硬化的脂蛋白?

(2) 若血清 HDL-胆固醇低于 0.9 mmol/L,有何临床意义?

实验七　激素对血糖浓度变化的影响

【实验目的】

（1）掌握血糖测定的原理和方法；肾上腺素和胰岛素对血糖含量的影响。

（2）熟悉血糖含量的调节机制。

（3）了解血糖含量的正常范围及生理意义。

【临床意义】

正常人的空腹静脉血糖含量为3.3～5.6 mmol/L。血糖含量的相对恒定，是机体对糖的代谢来源和代谢去路进行精细调节，使之维持动态平衡的结果。血糖含量的测定是反映体内糖代谢状况的一项重要指标。

升糖激素与降糖激素的作用相互对抗又彼此协调，共同维持着血糖浓度的恒定。肾上腺素是重要的升糖激素，它通过增加血糖的代谢来源，减少其代谢去路而使血糖浓度增高。胰岛素是唯一的降糖激素，其作用是增加血糖的代谢去路，而减少其来源，促进糖原的合成。一旦胰岛素分泌障碍，必然导致糖代谢障碍，血糖升高，出现尿糖。

【实验原理】

在人和动物体内，血糖浓度受各种激素的调节而维持恒定。胰岛素能降低血糖，其他激素则具有升高血糖的作用。其中，肾上腺素作用较为迅速和明显。胰岛素促进肝脏和肌肉合成糖原，同时加强糖的氧化作用，故可降低血糖；肾上腺素促进肝糖原分解而增高血糖。

本实验观察家兔注射胰岛素和肾上腺素前后的血糖浓度变化，用葡萄糖氧化酶法测定血糖浓度。

【实验动物和器材】

（1）实验用家兔。

（2）血糖仪（配套用血糖试纸）。

(3) 帆布手套，一次性手套，注射器(5 mL)，真空采血管(肝素抗凝)，真空采血器配套用针，敷料镊，剪子，塑料离心管套，微量移液器，小试管，药棉球。

(4) 800B 离心机，天平，小烧杯，胶头滴管，动物体重秤，恒温水浴锅，722N 型紫外可见分光光度计。

【实验试剂】

(1) 胰岛素注射液：市售胰岛素(40 IU/mL)。

(2) 肾上腺素注射液：市售肾上腺素注射液(1 mL∶1 mg)。

(3) 20%乌来糖。

(4) 工作液：葡萄糖测定试剂盒——GOD-PAP 法。

【操作步骤】

1. 动物准备

取正常家兔 2 只，实验前空腹 16 h，称体重(一般为 2～3 kg)。

2. 取血

一般自家兔耳缘静脉取血，先剪去毛，使其血管充血，用干棉球擦干净，再用粗针头刺破静脉放血，将血液收入抗凝杯中(含有抗凝剂)，用真空采血管收集血液，边收集边摇匀，以防凝固，用干棉球压迫血管止血。抗凝血采得后立即离心(3 000 r/min，5 min)，分离血浆，将制备的样品分装入 2 支试管，分别标号试管 1、试管 2，待用。

3. 注射激素后取血

取血后，给其中一只兔皮下注射胰岛素，剂量按 0.75 U/kg 体重计算，记录时间，30 min 后再取血制成待测血浆，装于试管 3 中备用。给另一只兔皮下注射肾上腺素，剂量按 0.4 mg/kg 体重计算，并记录时间，30 min 后再取血制成待测血浆，装于试管 4 中备用。

4. 血糖测定

用葡萄糖氧化酶法测定试管 1、2、3、4 中的血糖浓度。分别计算出家兔注射胰岛素和肾上腺素前后血糖浓度的变化。

【结果分析】

观察实验是否达到预期效果：肾上腺素是重要的升糖激素，胰岛素是唯一的降糖激素。

【注意事项】

(1) 本实验中，家兔的采血部位也可以是心脏，但注射部位要准确，切忌针头划破心脏。当用血量较大时，采血部位也可是腹主动脉，此时动物需要麻醉。

(2) 胰岛素和肾上腺素应注入兔子的腹腔，避免注入肠管中。

【复习思考】

(1) 比较注射激素前后血糖浓度的变化，这些变化说明了什么？

(2) 还有哪些激素能够影响血糖浓度？

(3) 本实验需要注意哪些问题？

实验八　SDS-聚丙烯酰胺凝胶电泳法(SDS-PAGE)测定蛋白质的相对分子量

【实验目的】

(1) 掌握垂直板电泳的操作方法。

(2) 熟悉 SDS-PAGE 的原理。

(3) 了解用 SDS-PAGE 测定蛋白质的相对分子量。

【实验原理】

SDS-PAGE 是最常用的定性分子蛋白质的电泳方法,特别是用于蛋白质纯度检测和分子量测定。蛋白质各组分的电泳迁移率主要与其所带净电荷以及分子量和形状有关。当电泳体系中含有一定浓度的十二烷基硫酸钠(SDS)时,测得电泳迁移率的大小只取决于蛋白质的分子量。从而可直接由电泳迁移率推算出蛋白质的分子量。

SDS-PAGE 是在要进行电泳分析的样品中加入含阴离子表面活性剂十二烷基硫酸钠(SDS)和β-巯基乙醇的样品处理液,SDS 可以断开分子内和分子间的氢键,破坏蛋白质分子的二、三级结构;β-巯基乙醇可以断开半胱氨酸残基的二硫键,破坏蛋白质的四级结构。当 SDS 的总量为蛋白质的 3～10 倍且 SDS 单位浓度大于 1 mol/L时,这两者的结合是定量的,大约每克蛋白质可结合 1.4 g SDS。蛋白质分子一经结合了一定量的 SDS 阴离子,所带负电荷的量就会远远超过了它原有的电荷量,从而消除了不同种类蛋白之间电荷符号的差异。由于分子量越大的蛋白质结合的 SDS 越多,这就使各蛋白质-SDS 复合物的电荷密度趋于一致。同时,不同蛋白质的 SDS 复合物形状也相似,均是长椭圆形。因此,在电泳过程中,迁移率仅取决于蛋白质-SDS 复合物的大小,也可以说是取决于蛋白质分子量的大小,而与蛋白质原来所带电荷无关。据经验得知,当蛋白质的分子量在 17 000～165 000 时,蛋白质-SDS 复合物的电泳迁移率与蛋白质分子量的对数呈线性关系,即

$$\lg MW = \lg K - bM$$

式中,*MW* 为蛋白质的分子量,*M* 为相对迁移率,*K* 为常数,*b* 为斜率。将已知分子量的标准蛋白质在 SDS-聚丙烯酰胺凝胶中的电泳迁移率对分子量的对数作图,即可得到一条标准曲线。只要测得位置分子量的蛋白质在相同条件下的电泳迁移率,就能根据标准曲线求得其分子量。

SDS-PAGE 缓冲系统有连续和不连续系统。不连续 SDS-PAGE 缓冲系统有较好的浓缩效应,近年趋向用不连续 SDS-PAGE 缓冲系统。按所制成的凝胶形状分为垂直板型电泳和垂直柱型电泳。本实验采用 SDS-不连续系统垂直板型凝胶电泳测定蛋白质的相对分子量。

样品处理液中通常加入溴酚蓝染料,用于控制电泳过程。此外,样品处理液中还可加入适量蔗糖或甘油以增大溶液密度,便于加样时样品溶液沉入样品凹槽底部。

【实验器材】

电泳仪,垂直板电泳槽,50 μL 或 100 μL 的微量注射器,50 mL 小烧杯。

【实验试剂】

丙烯酰胺,甲叉双丙烯酰胺,Tris,1 mol/L HCL,甘氨酸,10% SDS,10%过硫酸铵溶液(AP),0.25%考马斯亮蓝 R-250,50%甲醇,30%甲醇,7%乙酸,甘油,β-巯基乙醇,溴酚蓝,TEMED(四甲基乙二胺)。

【操作步骤】

1. 安装垂直板型电泳装置

2. 试剂配制

(1) 30%丙烯酰胺溶液、1.5 mol/L Tris-HCl 分离胶缓冲液(pH 8.8)、1 mol/L Tris-HCl 浓缩胶缓冲液(pH 6.8)、电泳缓冲液(pH 8.3)、催化剂、染色液、脱色液、样品缓冲液等。

(2) 10% SDS:电泳级 SDS 10.0 g 加 ddH_2O,68 ℃助溶,浓盐酸调至 pH 7.2,定容至 100 mL。

(3) 5×SDS 电泳上样缓冲液:1MTris-HCl(pH 6.8)1.25 mL,0.5 g SDS,25 mg 溴酚蓝,2.5 mL 甘油,置于 10 mL 塑料离心管中,加 ddH_2O 溶解后,定容至 5 mL,小份(0.5 mL/份)分装,室温保存。使用前每小份中加入 25 μL β-巯基乙醇。

3. 分离胶的制备

根据所测蛋白质的相对分子质量范围,选择某一合适的分离胶浓度。按表 2.8.1的试剂用量配置。

表 2.8.1 分离胶的配置 (单位:mL)

试 剂	胶浓度		
	7.5%	10%	15%
H_2O	4.90	4.10	2.40
30%丙烯酰胺	2.50	3.30	5.00
分离胶缓冲液(pH 8.8)	2.50	2.50	2.50
10%SDS	0.10	0.10	0.10
TEMED	0.02	0.02	0.02
10%过硫酸钠	0.02	0.02	0.02
总体积	10.00	10.00	10.00

将分离胶混匀后立即灌注于玻璃板间隙中,上层小心覆盖一层正丁醇。将胶板垂直放于室温下,待分离胶聚合完全后,倒去正丁醇并用滤纸吸干。

4. 浓缩胶的制备

按表 2.8.2 配置浓缩胶,将浓缩胶混匀后直接灌注在已聚合的分离胶上,立即插入梳子,将凝胶垂直放于室温下聚合。

表 2.8.2 浓缩胶的配置 (单位:mL)

试 剂	胶浓度		
	3%	4%	6%
H_2O	3.20	3.05	2.70
30%丙烯酰胺	0.50	0.65	1.00
浓缩胶缓冲液(pH 6.8)	1.25	1.25	1.25
10%SDS	0.05	0.05	0.05
TEMED	0.05	0.05	0.05
10%过硫酸钠	0.05	0.05	0.05
总体积	5.00	5.00	5.00

5. 样品预处理

取样品液与等体积样品缓冲液混合,100 ℃加热 1~2 min。

6. 胶板固定及添加缓冲液

待浓缩胶聚合完全凝固后,小心移出梳子,然后将胶板固定于电泳装置上,上下槽各加入 SDS 电泳上样缓冲液。

7. 加样

用微量进样器加样。每个样品孔加入 20 μL 样品。

8. 电泳

在 100～150 V 的电压下电泳，直至溴酚蓝达到胶底部，关闭电源。

9. 染色

从电泳装置下卸下玻璃板，小心撬开玻璃板取出凝胶，放入染色液中染色 2 h 以上。

10. 脱色

移出凝胶放入脱色液中脱色至本底无色为止。

【结果分析】

用直尺分别量出样品条带中心及染料与凝胶顶端的距离，按下式计算：

$$\text{相对迁移率} = \frac{\text{样品迁移的距离(cm)}}{\text{染料迁移距离(cm)}}$$

【注意事项】

(1) Acr 和 Bis 都是神经性毒剂，对皮肤有刺激作用，但在形成凝胶后则无毒，操作时应尽量避免接触皮肤，并注意洗手。

(2) 蛋白加样量要合适。加样量太少，条带不清晰；加样量太多则泳道超载，条带过宽而重叠，甚至覆盖至相邻泳道。

(3) 过硫酸铵的主要作用是提供自由基引发丙烯酰胺和双丙烯酰胺的聚合反应，故一定要新鲜，贮存过久的过硫酸铵商品不能使用。此外，10%过硫酸铵必须现用现配，在 4 ℃冰箱内贮存不超过 48 h。

(4) 灌制凝胶时，应避免产生气泡，因为气泡会影响电泳分离效果。

(5) 染色时，小心撬开玻璃板取出凝胶，放入染色液中染色要 2 h 以上。

(6) 脱色时，移出凝胶放入脱色液中脱色，要脱至本底无色时为止。

【复习思考】

(1) 在不连续体系 SDS-PAGE 中，当分离胶加完后，需在其上加一层水，为什么？

(2) 实验所需 SDS 的作用是什么？

(3) 在不连续体系 SDS-PAGE 中，分离胶与浓缩胶中均含有 TEMED 和 AP，试述其作用。

实验九　血清蛋白醋酸纤维素薄膜电泳

【实验目的】

(1) 掌握血清蛋白质醋酸纤维素薄膜电泳的原理及操作方法。

(2) 熟悉电泳仪、电泳槽的使用方法。

(3) 了解血清蛋白质醋酸纤维素薄膜电泳图谱的含义及临床意义。

【实验原理】

醋酸纤维薄膜电泳是以醋酸纤维薄膜为支持物的电泳。醋酸纤维是纤维素的醋酸酯，由纤维素的羟基经乙酰化而成。它溶于丙酮等有机溶液中，可涂布成均一细密的微孔薄膜，厚度以 0.10～0.15 mm 为宜。由于醋酸纤维薄膜电泳操作简单、快速、价廉，目前已广泛用于分析检测血浆蛋白、糖蛋白、胎儿甲种球蛋白、体液、脊髓液、脱氢酶、多肽、核酸及其他生物大分子，为心血管疾病、肝硬化及某些癌症鉴别诊断提供了可靠的依据，因而已成为医学和临床检验的常规技术。

本实验以醋酸纤维素为电泳支持物，分离各种血清蛋白。血清中含有清蛋白、α-球蛋白、β-球蛋白、γ-球蛋白和各种脂蛋白等。各种蛋白质由于氨基酸组分、立体构象、分子量、等电点及形状不同(表 2.9.1)，在电场中迁移速度不同。分子量小、等电点低、在相同碱性 pH 缓冲体系中带负电荷多的蛋白质颗粒在电场中迁移速度快。例如，以醋酸纤维素薄膜为支持物，正常人血清在 pH = 8.6 的缓冲体系中电泳 1 h 左右，染色后可显示 5 条区带。清蛋白泳动最快，其余依次为 α_1-球蛋白，α_2-球蛋白，β-球蛋白及 γ-球蛋白(图 2.9.1)。

表 2.9.1　血浆蛋白成分(醋酸纤维素电泳)

蛋白质	相对含量	分子质量	pI	m($cm^2/(v \cdot sec)$)
A	57%～72%	69 000	4.88	5.9×10^{-5}
α_1	2%～5%	200 000	5.06	5.1×10^{-5}
α_2	4%～9%	300 000	5.06	4.1×10^{-5}
β	6%～12%	9 000～150 000	5.12	2.8×10^{-5}
γ	12%～20%	156 000～300 000	6.58～7.50	1.0×10^{-5}

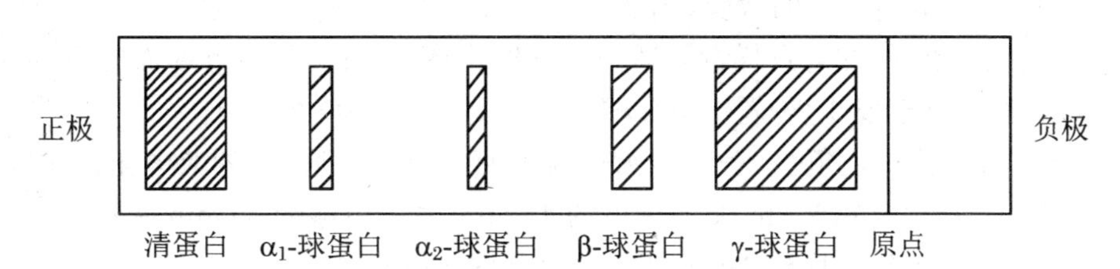

图 2.9.1　血清醋酸纤维素薄膜电泳示意图

这些区带经洗脱后可用分光光度法定量，也可直接进行光吸收扫描，自动绘出区带吸收峰及相对百分比。临床医学常利用它们之间的相对百分比的改变或异常区带的出现作为临床鉴别诊断的依据。此法由于操作简单、快速、分辨率高及重复性好等优点，已成为目前临床生化检验的常规操作之一。它不仅可用于分离血清蛋白，还可用于脂蛋白、血红蛋白及同工酶的分离测定。

【实验器材】

电泳仪（整流器），电泳槽，醋酸纤维素薄膜（呈白色，不透明状，光面较毛面有光泽，厚 0.1～0.15 mm，薄膜干燥的时候比较脆，薄膜湿润的时候有弹性），敷料镊，滤纸，点样片（用 X 线胶片制成），培养皿（供染色和洗脱用），722N 型紫外可见分光光度计。

【实验试剂】

（1）新鲜血清。

（2）巴比妥缓冲液（巴比妥钠 15.458 g，巴比妥 2.768 g，溶于 1 000 mL 蒸馏水中），pH 8.6，又称电泳缓冲液。

（3）氨基黑 10B 染色液（氨基黑 10B 0.5 g，加冰醋酸 10 mL 及甲醇 50 mL，混匀，用蒸馏水稀释至 100 mL）。

（4）漂洗液（95%乙醇 45 mL，冰醋酸 5 mL，混匀，用蒸馏水稀释至 100 mL）。

（5）0.4 mol/L 氢氧化钠溶液。

【操作步骤】

（1）泡膜：洗净手，戴一次性无粉橡胶手套，取薄膜，于毛面距一端 1.5 cm 处用铅笔轻画一直线。小心将膜浮于巴比妥缓冲液上，待下面湿润后再将膜完全浸入，浸泡约 1 h。

（2）仪器准备：检查电源，接好电线，注意正负极。加巴比妥缓冲液于电泳槽内，调整水平。

(3) 点样:取出浸泡的薄膜,用滤纸吸去多余的缓冲液。毛面向上,于毛面膜的一端画线处点样,注意点样量要适当。待样品渗入膜内后,将点样面向下(以防电泳时薄膜表面蒸发干燥)置于电泳槽的支架上,点样端放在负极。

(4) 电泳:检查正负极,盖上电泳仪盖平衡 5 min 后通电,调节电压为 100～160 V,I＝0.4～0.6 mA/cm,夏季通电约 45 min,冬季电泳约 60 min 后断电。

(5) 染色:断电后取出膜浸入氨基黑 10B 中 1 min。

(6) 浸洗:依次在 3 个洗脱皿中漂洗,每次 1 min,至背景无色,区带清晰,然后晾干,辨认结果。

(7) 定量:剪下各区带,分别浸泡于氢氧化钠溶液中约 30 min,然后在 722N 型紫外可见分光光度计上于波长 620 nm 处比色(表 2.9.2)。

表 2.9.2 醋酸纤维薄膜电泳分离区带的定量测定

加入物	空白	A	α_1	α_2	β	γ
膜	空白膜	A 带	α_1 带	α_2 带	β 带	γ 带
0.4 mol/L NaOH(mL)	4.0	4.0	4.0	4.0	4.0	4.0
A_{620}						

【结果分析】

血清蛋白醋酸纤维素薄膜的相对含量为

$$各部分吸光度之和\ T = A + \alpha_1 + \alpha_2 + \beta + \gamma$$

血清蛋白醋酸纤维素薄膜的相对百分含量$=\dfrac{A_{620}}{T}\times 100\%$。

【注意事项】

(1) 醋酸纤维素薄膜的预处理:市售醋酸纤维素薄膜均为干膜片,电泳之前薄膜需要浸润与选膜。将干膜片漂浮于电极缓冲液表面,如有白色斑点或条纹,则提示膜片厚薄不均,应弃去不用,以免造成电泳后区带扭曲,界线不清,背景脱色困难,结果难以重复。最好是让漂浮于缓冲液的薄膜吸满缓冲液后自然下沉,这样可将膜片上聚集的小气泡赶走。

点样时,应将膜片表面多余的缓冲液用滤纸吸去,以免缓冲液太多引起样品扩散。但也不能吸得太干,太干则样品不易进入薄膜的网孔内,而造成电泳起始点参差不齐,影响分离效果。吸水量以不干不湿为宜。

为防止指纹污染,取膜时,应使用敷料镊夹起。镊子夹起时应夹膜片的四角,不可夹膜片的中间部分。

（2）缓冲液的选择：醋酸纤维素薄膜电泳常选用 pH 为 8.6 巴比妥缓冲液，其浓度为 0.05～0.09 mol/L。选择何种浓度与样品及薄膜的厚薄有关。在选择时，先初步定下某一浓度，如电泳槽两极之间的膜长度为 8～10 cm，则需电压 25 V/cm 膜长，电流强度为 0.4～0.5 mA/cm 膜宽。当电泳达不到或超过这个值时，则应增加缓冲液浓度或进行稀释；缓冲液浓度过低，则区带泳动速度快，并由于扩散变宽；缓冲液浓度过高，则区带泳动速度慢，区带分布过于集中，不易分辨。

（3）加样量：加样量不可过大，否则电泳后区带分离不清楚，甚至互相干扰，染色也较费时。对每种样品加样量均应先做预实验加以选择。点样好坏是能否获得理想图谱的重要环节之一，以印章法加样时，动作应轻、稳，用力不能太大，以免将薄膜弄破或印出凹陷而影响电泳区带的分离效果。

（4）电量的选择：电泳过程应选择合适的电流强度，一般电流强度以 0.4～0.5 mA/cm宽膜为宜。电流强度过大，可引起蛋白变性或由于热效应引起缓冲液中的水分蒸发，使缓冲液浓度增加，造成膜片干涸；电流强度过低，样品泳动速度慢且易扩散。

（5）染色液的选择：染料对被分离样品有较强的着色力，背景易脱色；应尽量采用水溶性染料，不宜选择醇溶性染料，以免引起醋酸纤维素薄膜溶解；应控制好染色时间。

（6）透明及保存：透明液含有冰乙酸和乙醇（分析纯），易挥发而影响透明效果，故应现配现用。透明前，薄膜应完全干燥。透明时间应掌握好，如在透明液中浸泡时间太长则薄膜会被溶解，太短则透明度不佳。透明后的薄膜完全干燥后才能浸入液体石蜡中，使薄膜软化。如薄膜中有水，则液体石蜡不易浸入，薄膜不易展平。

【复习思考】

（1）简述醋酸纤维素薄膜的电泳原理及优点。

（2）电泳缓冲液的 pH 为 8.6 时，点样为何要在负极端进行？

实验十　DNA 的纯度、浓度的测定及 DNA 琼脂糖凝胶电泳技术

【实验目的】

(1) 掌握 DNA 凝胶电泳技术，检测质粒 DNA 的纯度、浓度和分子量。

(2) 熟悉 DNA 琼脂糖凝胶电泳技术。

(3) 了解检测过程中的注意事项。

【实验原理】

1. DNA 浓度鉴定

DNA 浓度鉴定可采用紫外分光光度法。核酸在波长 260 nm 具有最大吸收，对于 dsDNA：1OD = 50 g/mL；对于 ssDNA 或者 RNA：1OD = 40 g/mL；对于寡核苷酸：1OD = 33 g/mL。

2. DNA 纯度鉴定

DNA 纯度鉴定可依据 OD_{260} nm/OD_{280} nm 的比值。对于 DNA，此比值应为 1.8，如大于 1.8，表明有 RNA 污染，小于 1.8，表明有蛋白质或酚污染；对于 RNA，此比值应为 2.0，如小于 2.0，表明有蛋白质或酚污染。

3. DNA 分子量大小及构象分析

DNA 分子量大小及构象分析可采用 DNA 凝胶电泳技术。核酸 DNA 在碱性溶液中带负电荷，在电场中向正极移动。琼脂糖具有多孔的网状结构，不同分子量大小的 DNA 利用凝胶的分子筛作用得以分开。溴化乙锭(EB)是一种荧光染料，在凝胶电泳中，胶中的溴化乙锭通过嵌入到 DNA 的碱基之间而形成荧光结合物，由于该结合物在紫外灯下受紫外光激发而发射荧光，其强度与 DNA 的含量成正比。线状 DNA 在凝胶基质中的迁移率与其碱基对数目以 10 为底的对数值成反比，分子越大，则摩擦阻力越大，因而其迁移率比小分子慢，质粒 DNA 用单一切点的限制酶酶切后，与已知分子量大小的标准 DNA 片段进行电泳对照，根据电泳后 DNA 片段在凝胶中的位置，可获知样品 DNA 的分子量大小(图 2.10.1)。在质粒 DNA 的制备过程中，所提取的质粒大部分是超螺旋环状，一小部分质粒是带切口

环状(两条链中有一条断裂)和线状(两条链在同一位点断裂),具有不同构象的DNA分子可通过凝胶电泳进行鉴定。在凝胶中分子量相同的三种构象的DNA的迁移率不同,一般情况下,超螺旋环状DNA迁移最快,其次为线状DNA,最慢的为带切口环状DNA。

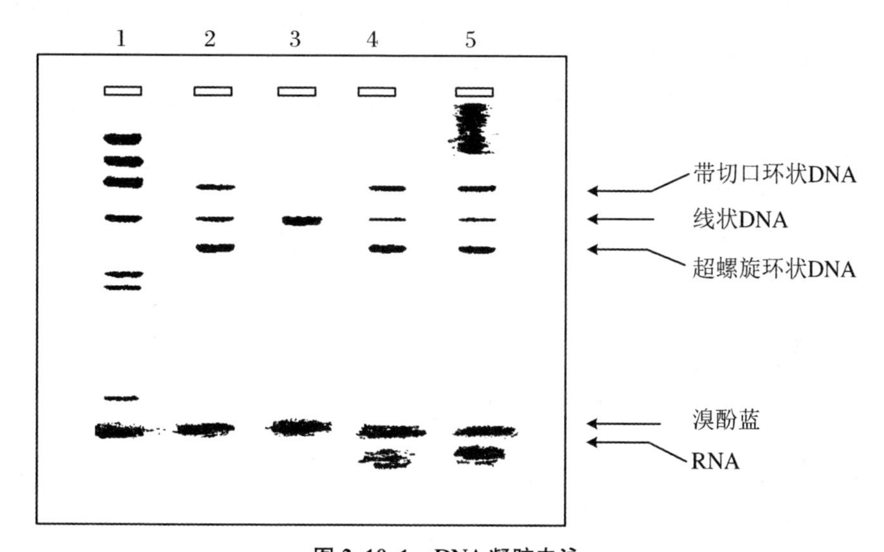

图2.10.1　DNA凝胶电泳

1. DNA分子量标准;2. 纯化的质粒DNA;3. 线性DNA(以单一位点酶切的质粒DNA);4. 未纯化的DNA;5. 有染色体污染的DNA

质粒DNA样品中如果还有染色体DNA或RNA,在凝胶电泳上也可以分别观察到电泳区带,由此可分析样品的纯度。

【实验器材】

电泳仪,电泳槽,凝胶制备架,微波炉,凝胶成像仪,三角烧瓶,烧杯,量筒,滴管,Ep管,Tip头,塑料手套,微量加样器,记号笔。

【实验试剂】

实验制备的质粒DNA样品,6×加样缓冲液(DNA凝胶电泳用),琼脂糖,10 mg/mL溴化乙锭溶液,TAE电泳缓冲液。

【操作步骤】

1. 制备1%的琼脂糖凝胶

称取0.5 g琼脂糖于三角烧瓶中,加入TAE溶液50 mL,于微波炉中加热至完全融化，冷却至 60 ℃左右，加入 EB 2～5 μL，轻轻摇匀，缓慢倒入插有梳子的凝胶制备架中，切勿产生气泡，静置冷却，待凝胶完全凝固后可缓慢垂直拔出梳子。

将凝胶制备架放入电泳槽中，加入 TAE 电泳缓冲液，使得液面覆盖胶面即可。

2. 电泳

将电泳槽与电泳仪正确连接，使 DNA 向正极移动，采用 1～5 V/cm 的电压降(按两极间距离计算)，电泳时在正极和负极处会产生气泡(由于发生电解)，几分钟后，溴酚蓝从加样孔中迁移到凝胶中。继续电泳直至溴酚蓝在凝胶中迁移出适当的距离。

3. 结果及处理

切断电源，从电泳槽上拔下电线，可在紫外灯下检查凝胶上 DNA 的区带，并进行拍照。

【结果分析】

观察电泳区带，由此可分析样品的纯度。

【注意事项】

(1) 影响 DNA 迁移率的因素。

① DNA 分子的大小：线状双链 DNA 分子在凝胶基质中的迁移率与其碱基对数目以 10 为底的对数值成反比，分子越大，则摩擦阻力越大，也越难于在凝胶孔隙中蠕行，因而迁移得越慢。

② 琼脂糖浓度：一个给定大小的线状 DNA 片段，其迁移率在不同浓度的琼脂糖凝胶中各不相同。采用不同浓度的凝胶可分辨大小不同的 DNA 分子。

③ DNA 的构象：质粒 DNA 有 3 种不同的构象(超螺旋环状、带切口环状和线状)。在本实验中(图 2.10.1)，超螺旋环状 DNA 迁移率最快，其次是线状 DNA，带切口环状 DNA 的迁移率最慢。在适合于 DNA 的电泳条件下，不同大小的 RNA 具有相同的电泳速率，电泳后，在溴酚蓝稍前的位置可见 RNA 区带。

④ 电压：在低电压时，线状 DNA 片段的迁移率与所加电压成正比，但是随着电场强度的增加，高分子量 DNA 片段的迁移率将以不同的幅度增长，因此随着电压的增加，琼脂糖凝胶的有效分离范围缩小。要使大于 2 kb 的 DNA 片段的分辨率达到最大，琼脂糖凝胶电泳的电压不应超过 5 V/cm(该距离是指电极间的距离，不是指凝胶自身的长度)。

⑤ 温度：在琼脂糖凝胶电泳中，不同大小的 DNA 片段的相对迁移率在 4～30 ℃之间不发生改变，凝胶电泳通常在室温进行，但是浓度低于 0.5%的琼脂糖凝胶和低熔点琼脂糖凝胶较为脆弱，最好在 4 ℃下电泳，此时它们的强度最大。

⑥ 嵌入染料的存在：荧光染料溴化乙锭用于检测琼脂糖中的 DNA，它会使线状 DNA 的迁移率降低 15%左右。染料嵌入碱基对之间，拉长线状和带切口环状 DNA，而且刚性更强。

⑦ 电泳缓冲液的组成：电泳缓冲液的组成及其离子强度影响 DNA 的电泳迁移率，有几种不同的缓冲液可用于天然双链 DNA 电泳。在没有离子存在时，电导最小，即使 DNA 还能移动一点，也非常慢。在高离子强度的缓冲液中，电导很高并明显产热，最坏的情况是引起凝胶熔解并且使 DNA 发生变性。

(2) 在电泳槽和凝胶中务必使用同一批次的电泳缓冲液，离子强度和 pH 的微小差异会影响 DNA 片段的迁移率。

(3) 溴化乙锭是一种核酸的显色剂和强烈的诱变剂并有中度毒性，使用含有该染料的溶液时必须戴手套，溴化乙锭的贮存液应在室温下避光保存(将溴化乙锭溶液存放于用铝箔包裹的瓶子中)。

(4) 紫外线对皮肤、眼睛均可造成损伤，为了减少损伤，必须确保紫外光源受到适当遮蔽，并给操作者佩戴护目镜或能有效阻挡紫外线的面具。

实验十一　DNA 的限制性内切酶的电泳分析和酶切图谱分析

【实验目的】

(1) 掌握 DNA 的限制性内切酶电泳分析的操作方法。

(2) 熟悉电泳分析的实验原理。

(3) 了解 DNA 的限制性内切酶酶切原理。

【实验原理】

(1) DNA 的限制性内切酶是一类能识别双链 DNA 中特定碱基顺序的核酸水解酶(水解磷酸二酯键)。根据酶的识别切割特性、催化条件及是否具有修饰酶活性,可分为Ⅰ型、Ⅱ型、Ⅲ型三大类。

Ⅰ型和Ⅲ型限制性内切酶均具有修饰和切割 DNA 两种特性。其中,Ⅰ型酶没有固定的切割位点,一般在识别位点以外的 0.4～7 kb 处随机切割,不产生特异 DNA 片段。Ⅲ型酶能在 DNA 链上特异位点切割,但同时会对宿主自身 DNA 甲基化修饰。因此,这两型酶在基因工程中的应用价值不大。

Ⅱ型酶就是通常所指的 DNA 的限制性内切酶。Ⅱ型酶分子量小,仅需 Mg^{2+} 作为催化反应的辅助因子,能识别双链 DNA 的特异顺序,产生特异的 DNA 片段。Ⅱ型酶的识别顺序一般为 4～6 bp 的回文序列,且富含 GC。Ⅱ型限制性核酸内切酶切割双链 DNA 产生 3 种不同的末端:① 5′黏性末端。② 3′黏性末端。③ 平末端。

(2) 来源:DNA 的限制性内切酶来自原核生物,在原核生物中类似于高等生物的免疫系统,可以用来抗击外来 DNA 的侵袭。

(3) 用途:DNA 的限制性内切酶可用于基因工程中 DNA 片段的获取;基因克隆重组子筛选和鉴定;文库的构建等。

(4) 种类:DNA 的限制性内切酶有 500 种左右,常用的有 100 种左右。

【实验器材】

微量移液器,离心机,恒温水浴箱,电泳仪。

【实验试剂】

重组质粒 DNA(插入片段 300 bp),EcoR,琼脂糖,6× 上样缓冲液,0.5×TBE 电泳缓冲液,10 mg/mL 溴化乙锭。

DNA 的限制性内切酶的电泳分析

【操作步骤】

反应体系的建立步骤如下:

(1) 在一 1.5 mL 无菌 Eppendorf 管中按表 2.11.1 加入有关试剂(强调加样的准确)。

表 2.11.1　无菌 Eppendorf 管的加液步骤

试剂	剂量
无菌双蒸水	7 μL(可变)
10×酶切缓冲液	2 μL
质粒 DNA(100 ng/μL)	10 μL
EcoR Ⅰ(5 U/μL)	1 μL(不能超过总体积的 1/10)
总体积为 20 μL	

(2) 轻轻混匀,12 000 r/min 离心 5 s。

(3) 37 ℃水浴 1 h。

(4) 将 Eppendorf 管置 65 ℃水浴中 10 min,通过加热使酶失活以终止反应。

(5) 12 000 r/min 离心 5 s,将管盖及管壁上的液体甩至管底部。

(6) 取 10 μL 消化产物,与 2 μL 6×上样缓冲液混匀,琼脂糖凝胶电泳检测消化效果,电泳条件:100 V 电泳 30～60 min。

【结果分析】

观察电泳区带,由此可分析实验效果。

【注意事项】

(1) 分子生物学实验多为微量操作,DNA 样品与限制性内切酶的用量都极少,必须严格注意吸样量的准确性以保证酶切效果最佳。吸样时,当 Tip 刚刚接触到液面时,轻轻吸取,此法可吸取 0.2～0.5 μL 的样品。注意不要将 Tip 尖全部插入溶液，这样 Tip 壁上会沾上很多的样品，导致吸样不准。

(2) 限制性内切酶应注意不使其污染而导致浪费。要求每次吸酶时要用新的无菌 Tip。另一个造成限制性内切酶浪费的因素就是限制性内切酶的失活，因此要注意加样次序，在其他试剂均加好后，最后才加酶，并要求在冰上操作，操作速度要尽可能快，使限制性内切酶拿出冰箱的时间尽可能短。酶加入反应体系后，应充分混匀，因为甘油的比重和黏度大，会沉到 Eppendorf 管底部，不易自然扩散，但应避免强烈的旋转性振荡。

(3) 开启 Eppendorf 管时，手不要接触到管盖内面，以防污染。

(4) 样品在 37 ℃与 65 ℃保温时(如果用 65 ℃保温终止反应)，应注意将 Eppendorf 管盖严，以防水进入管内造成实验失败。

(5) 若无实验必要，应尽量避免长时间消化样品。

DNA 的限制性内切酶酶切图谱分析

【影响因素】

1. 样品 DNA 及酶

作为限制性内切酶的底物，样品 DNA 应具有一定的纯度，其溶液中不能含有痕量的苯酚、氯仿、乙醚等有机溶剂，也不能含有大于 10 mmol/L EDTA、去污剂(如 SDS)及过量的盐离子浓度，这些因素的存在均可不同程度地影响限制性内切酶的活性。样品 DNA 的用量根据实验需要而定。若样品 DNA 用量过少，由于在酶解后的处理过程中将损失一部分，且每经一步操作后，还要取一定量的 DNA 样品进行电泳鉴定，因而会造成样品不够用；样品 DNA 用量过多，则会造成限制性内切酶及 DNA 的浪费。

酶单位的定义是指在 50 μL 容积，于最佳反应条件和温度下保温 1 h，能使 1 μg DNA完全酶解所需的酶量即为一个酶单位。酶切 1 μg 不同的 DNA 需要的酶量是有差别的。一般说来，酶切 1 μg 线性的 DNA 常加入 2～10 U 的限制性内切酶，而酶切超螺旋闭合环状的质粒 DNA，则限制性内切酶酶量需要加倍。若加入的限制性内切酶太少，可造成样品 DNA 消化不完全；市售的限制性内切酶不是绝对纯的，有可能含有其他一些能降解 DNA 的杂酶，因此，若加入太多的限制性内切酶，这些杂酶就会影响消化结果甚至使 DNA 降解。另外，厂家提供的限制性内切酶保存在 50%的甘油中，在酶切体系中，加入太多的限制性内切酶，使甘油在反应体系中的浓度超过 5%，反而会抑制许多限制性内切酶的活性。同时，高浓度的甘油还能降低一些限制性内切酶序列识别的特异性，导致假性切割，称为星活性

(star activity)。

限制性内切酶的星活性是指限制性内切酶在非标准反应条件下,能够切割一些与其特异识别顺序类似的序列。星活性的出现与以下几种情况有关:① 高甘油含量(＞5%,V/V)。② 内切酶用量过大(＞100 U/μg DNA)。③ 低离子强度(＜25 mmol/L)。④ 高 pH(pH 8.0)。⑤ 含有有机溶剂,如 DMSO、乙醇等。⑥ 非 Mg^{2+} 的二价阳离子存在,如 Mn^{2+}、Cu^{2+}、Zn^{2+} 等。但每一种酶对以上条件的敏感性不同,如 EcoR Ⅰ 对甘油敏感,而 Pst Ⅰ 对 pH 敏感。常见容易发生活性的酶有:EcoR Ⅰ、Hind Ⅲ、Kpn Ⅰ、Pst Ⅰ、Sca Ⅰ、Sal Ⅰ、Hinf Ⅰ 等。

2. 酶切反应体积

一般来说,酶切 0.2～1.0 μg 的 DNA 时,反应体积为 15～20 μL。根据样品 DNA 的用量,可按比例适当增大体积。反应体积太大,限制性内切酶与 DNA 分子之间难以接触,酶解效果就差;反应体积过小,限制性内切酶中的甘油以及样品中 EDTA 得不到充分稀释,会造成酶切效果不理想。因此,酶切反应的体积要依据 DNA 的用量及酶量来确定。

3. 反应缓冲液

每一种限制性内切酶都有其一系列最佳反应条件。各个厂家在提供酶的同时配有不同类型的缓冲液,有些酶可同时在同一种缓冲液中酶解同一种 DNA。实验者可根据限制性内切酶反应要求的离子强度、pH 以及各种酶在不同缓冲液中活性程度发挥的百分率,来选择适当的缓冲液,或在同一缓冲液中同时加入几种不同的限制性内切酶进行酶切。

反应缓冲液的主要成分是 Tris・Cl、NaCl 和 Mg^{2+}。所有内切酶均需要 Mg^{2+} 作为辅助因子,活性 pH 范围为 7.2～7.6。根据盐离子浓度(NaCl 浓度)的不同,将各种酶切反应的缓冲液归纳为四类:低盐、中盐、高盐和含钾盐缓冲液(表 2.11.2)。不同的限制性内切酶要求的离子强度有所不同。因此,实验时要查找资料以确定该酶所要求的盐浓度。盐浓度不适当,可使某些酶表现出星活性。如 EcoRⅠ在 100 mmol/L NaCl,pH 7.5 条件下可以很好地识别和切割 G↓AATTC,但在低盐(＜50 mmol/L NaCl)的情况下,则表现出 EcoR Ⅰ 活性。此时,也识别和切割 GAATTA、AAATTC、GAGTTC 等,结果切点比原来多 15 倍。

表 2.11.2　酶切缓冲液浓度表(1×)　(单位:mmol/L)

缓冲液	NaCl	KCl	Tris・Cl pH 8.0	$MgCl_2$	DTT
低盐	—	—	50	10	1
中盐	50	—	50	10	1
高盐	100	—	50	10	1
含钾盐	—	200	10	10	1

在缓冲液中添加二硫苏糖醇(DTT)等还原剂的目的是防止酶的氧化,以保持酶的活性。牛血清白蛋白(BSA)对于某些限制性内切酶是必需的,但对那些不需要 BSA 即可达到最佳活性程度的内切酶,在反应缓冲液中加入 BSA,对其活性不会造成影响。

另有一种核心缓冲液,内含:500 mmol/L Tris·Cl(pH 8.0),100 mmol/L $MgCl_2$,500 mmol/L NaCl 等,适合于许多酶反应。这种核心缓冲液尤其适合于两种或两种以上酶的联合酶解。

当同一 DNA 样品要用两种或更多的限制性内切酶消化时,若这些酶均能在同一缓冲体系中起作用,则可同时进行消化;若这些酶要求不同的反应条件,则有三种方法可供选择:

(1) 先用能在较低盐浓度下作用的酶进行消化,然后加入适当的 NaCl 及第二种限制性内切酶继续进行消化。

(2) 选用 KGB 缓冲液(potassium glutamate buffer)进行消化。因为不同的限制性内切酶可在不同稀释倍数的 KGB 中得到其最佳活性。2×KGB 配方见表 2.11.3。

表 2.11.3 2×KGB 的配置

试剂	剂量
谷氨酸钾	200 mmol/L
Tris·HAc(pH 7.5)	50 mmol/L
$MgAc_2$	20 mmol/L
BSA	100 μg/mL
β-巯基乙醇	1 mmol/L

(3) 当第一种限制性内切酶消化完全后,用酚/氯仿抽提,乙醇沉淀,真空干燥后溶于合适的缓冲液中,再对第二种限制性内切酶进行消化。

4. 温度与时间

绝大多数限制性内切酶的最适反应温度为 37 ℃,但也有例外的情况。如 SmaⅠ,其最适温度为 25~30 ℃,而 TaqⅠ的最适温度为 65~67 ℃。

酶解时间可通过加大酶量而缩短,同样的,酶量较少可通过延长酶解时间而达到完全酶解。不同的 DNA 底物在一定酶量和时间内,酶解效率不一,这些可以根据 DNA 底物上酶切位点的多少,与 λDNA 存在位点的数目进行比较后,再决定酶量和酶解时间。

5. 反应终止

终止限制性内切酶反应的方法大致有以下几种:

(1) 加入 EDTA 至终浓度为 10 mmol/L 或加入 0.1%SDS(W/V)。EDTA 可螯合限制性内切酶的辅助因子 Mg^{2+} 而终止反应;SDS 可使限制性内切酶变性而终止反应。以这种方法终止的反应不能直接用于进一步的酶切反应。

(2) 65 ℃加热 10～15 min。加热可使限制性内切酶失活,这种方法对于大多数最适反应温度为 37 ℃的限制性内切酶有效,但对有些酶并不能完全灭活,如 BamH Ⅰ、Pst Ⅰ 等。这种方法终止的反应产物可继续进行下一步的酶切及连接反应等。

(3) 用苯酚/氯仿抽提,然后乙醇沉淀。这种方法终止的反应最为有效且有利于下一步 DNA 的酶学操作。

【结果分析】

(1) 完全酶切:酶切得到片段大小约 300 bp,质粒为线性。

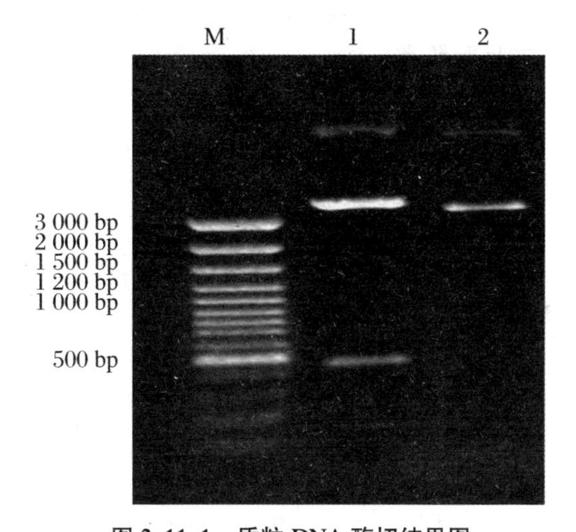

图 2.11.1 质粒 DNA 酶切结果图

M:100 bp DNA ladder Marker;1:质粒 DNA 酶切前;2:质粒 DNA 酶切后

(2) 部分酶切:酶切得到片段大小约 300 bp;质粒可能有 3 种构象,其迁移速率为:线性>超螺旋闭合环状>单链开环。

(3) 切出的条带比预计的多:① 星活性。② 第二种酶污染。③ 样品 DNA 含有其他 DNA。

(4) 未酶切:无目的片段。

【注意事项】

(1) DNA 完全没有被限制性内切酶切割:① 限制性内切酶失活。② DNA 不纯,含有SDS、有机溶剂、EDTA等。③ 非限制性内切酶最佳反应条件。④ 酶切位点被修饰。⑤ DNA上不存在该酶的识别顺序。

(2) DNA切割不完全:① 限制性内切酶活性下降或稀释不正确。② DNA不纯或反应条件不佳。③ 酶切位点被修饰。④ 部分DNA溶液黏在管壁上。⑤ 酶切后DNA黏末端退火。

(3) DNA片段数目多于理论值:① 限制性内切酶星号活力。② 存在第二种限制性内切酶污染。③ 样品DNA中含有其他DNA。

(4) 酶切后无DNA片段存在:① DNA定量错误。② 酶切反应中形成非特异性沉淀。

【复习思考】

(1) 限制性核酸内切酶消化DNA的原理是什么?

(2) 如何用酶切方法鉴定重组质粒DNA?

(3) 酶切结果的常见问题有哪些?

实验十二　质粒 DNA 的大量制备与纯化

【实验目的】

(1) 掌握大量快速制备和纯化质粒的操作方法。

(2) 熟悉制备高纯度的质粒 DNA 样品的原理。

(3) 了解低温高速离心机的操作过程。

【实验原理】

将细菌悬浮于葡萄糖等渗溶液中,加入 SDS 一类去污剂使细胞裂解,碱处理可使氢键断裂,破坏碱基配对,使宿主的染色体 DNA 变性,并断裂成线状。质粒 DNA 的碱基配对也被破坏,但 DNA 不会断裂,闭环的 DNA 链处于缠绕状态而不能彼此分开。加入乙酸钾缓冲液中和后,小分子的变性质粒 DNA 迅速复性为可溶性质粒 DNA,小分子 RNA 亦呈可溶状态,而变性的染色体 DNA 因分子量巨大而难以复性,随同高分子量 RNA 以及 K^+/SDS/蛋白质/膜复合物则在 0 ℃孵育时形成沉淀,可经离心除去。取上清液经异丙醇沉淀后,即可得到质粒 DNA 的粗制品(仍含有大量的 RNA 和蛋白质等)。纯化质粒采用氯化锂(LiCl)沉淀和聚乙二醇(PEG)沉淀的方法。在 LiCl 的存在下,大部分蛋白质和 RNA 可形成沉淀,经离心去除,而质粒则不沉淀。进一步用 RNA 酶消化可除去残存的 RNA,随后质粒 DNA 在 PEG 的存在下形成沉淀,核苷酸则不沉淀,经离心回收质粒 DNA。重新溶解质粒 DNA 后,用酚∶氯仿∶异戊醇(25∶24∶1)抽提可除去 PEG 和残存的蛋白质。再经乙醇沉淀和离心回收即可得到高度纯化的质粒 DNA。

【实验器材】

恒温摇床,低温高速离心机,台式高速离心机,旋涡振荡器,-20 ℃冰箱,三角烧瓶,烧杯,量筒,刻度吸管,50 mL 塑料离心管,Ep 管,Tip 头,微量加样器。

【实验试剂】

(1) 大肠杆菌 DH5(含 pVAC 或 pcDNA3.0)。

(2) LB培养基(含氨苄青霉素100 μg/mL)。

(3) 溶液Ⅰ:50 mmol/L葡萄糖,25 mmol/L Tris-HCl pH 8.0,10 mmol/L EDTA。

(4) 溶液Ⅱ:0.2 N NaOH,1% SDS。

(5) 溶液Ⅲ:5 mol/L乙酸钾∶冰乙酸∶水按6∶1.15∶2.85体积比混合而成,所配溶液对钾是3 mol/L,对乙酸根是5 mol/L(pH 5.2)。

(6) TE缓冲液(pH 8.0)(10 mmol/L Tris-HCl,1 mmol/L EDTA pH 8.0)。

(7) 1.6 mol/L NaCl,13%PEG(聚乙二醇6 000或8 000)。

(8) RNase A溶液10 mg/mL。

(9) 3 mol/L乙酸钠(pH 5.2),5 mol/L LiCl(氯化锂),TE缓冲液饱和酚,氯仿∶异戊醇,无水乙醇,异丙醇。

【操作步骤】

(1) 将大肠杆菌的一个单菌落接种入盛有200 mL LB培养基(含100 μg/mL氨苄青霉素)的500 mL三角瓶中,37 ℃振荡培养过夜(置摇床中,150 r/min)。

(2) 将培养物转入50 mL塑料离心管内,50 mL/管,于室温3 000 r/min离心10 min。

(3) 弃去上清液,将离心管倒立,使上清液流净,用纸巾或吸水纸将液体吸干。

(4) 加入2 mL溶液Ⅰ,悬浮细菌。

(5) 加入4 mL溶液Ⅱ,盖上盖子,将离心管颠倒数次,混匀管内液体,边颠倒边旋转离心管,不要用旋涡振荡器,将离心管置冰浴5 min。

(6) 每管加入3 mL冰中预冷的溶液Ⅲ,振荡离心管数次,使溶液Ⅲ充分分散到黏稠的细菌裂解物中,将离心管置冰浴10 min。

(7) 2 500 r/min离心10 min,将上清液转入另一支50 mL离心管,加入0.6倍体积的异丙醇,混匀,室温放置5~10 min。

(8) 2 500 r/min离心10 min,弃上清液。加入3 mL TE缓冲液,将沉淀溶解。

(9) 加入等体积的5 mol/L LiCl,混匀。置冰浴10 min。

(10) 2 500 r/min离心10 min,将上清液转入另一支50 mL离心管中,加入0.6倍体积的异丙醇。置室温10 min。

(11) 2 500 r/min离心10 min,弃上清液,将沉淀溶于总体积为400 μL的TE缓冲液中,转入一个Eppendorf管。

(12) 可选择:重复步骤(9)~(11)一次。最终仍将沉淀溶于400 μL TE缓冲液中。

(13) 加入5 μL RNaseA溶液(2 μg/μL,用TE缓冲液稀释10 mg/mL贮存液而成),混匀,置37 ℃水浴30 min。

(14) 加入等体积的 1.6 mol/L NaCl,13% PEG,混匀后置冰浴 10～20 min。

(15) 12 000 r/min,于室温离心 5 min。

(16) 吸弃上清,将沉淀溶于 400 μL TE 缓冲液中,加等体积酚∶氯仿∶异戊醇,振荡混合。10 000 r/min 离心 2 min 后,将上清液转移到一新管中。用酚∶氯仿∶异戊醇抽提 2 次,再用氯仿∶异戊醇抽提 1 次。

(17) 将水相转入一个新的 Eppendorf 管,加入 0.1 倍体积的 3 mol/L 乙酸钠(pH 5.2)和 2 倍体积 −20 ℃预冷的无水乙醇。置 −20 ℃中 10～20 min。

(18) 12 000 r/min,室温离心 5 min。弃去上清液。将 DNA 溶于 30 μL TE 缓冲液中,置 −20 ℃贮存。

(19) 取制备的质粒 DNA 10 μL,加 1 μL Loading buffer 混匀上样,采用 1～5 V/cm 的电压,30 min 后待溴酚蓝跑到中后部时可取出凝胶放置于凝胶成像仪中观察。

【结果分析】

观察电泳区带,由此可分析实验结果。

【注意事项】

(1) 用本方法制备和纯化的质粒可用于制备 DNA 探针、DNA 重组以及转染哺乳类细胞。室温低于 30 ℃时,这一方法的效果很好,如果室温高于 30 ℃,会增加切口环状 DNA 的量。在这种情况下,转染的效率会有所降低,但对限制酶酶切 DNA、DNA 探针制备和 DNA 重组则没有影响。

(2) 在每一沉淀步骤中,待沉淀物质总是保持较高浓度,可使沉淀快而完全,浓度低时,沉淀总是需要较长时间。

(3) 用这种方法可从多达 1 000 mL 的细菌培养物中制备质粒,所花时间不到 8 h,所制备质粒的量与其他方法相同。

(4) 本方法中不必真空抽干 DNA。但仍需特别注意的是,每当丢弃上清液时,要除去管中所有液体。

(5) 有些细菌株的细胞壁成分会散落到培养基中,这些成分可抑制限制性酶的活性,将细菌沉淀重悬于 5 mL STE(0.1 mol/L NaCl,10 mmol/L Tris-HCl pH 8.0,1 mmol/L EDTA)中,再进行离心,可避免上述问题,去掉 STE 后,将沉淀重新悬于溶液Ⅰ中。

(6) 溶液Ⅱ(0.2N NaOH,1% SDS)必须新鲜配制,最好只使用一次,剩余的弃去。

(7) 高浓度 NaOH 和长时间碱处理会使超螺旋 DNA 发生不可逆变性,由此产生的环状卷曲型 DNA 不能被限制性酶切割,在琼脂糖凝胶电泳中的迁移率大约是超螺旋 DNA 的 2 倍,用溴化乙锭染色时着色很弱。

(8) 在步骤(3)、(8)、(11)和(19)中,要特别注意除去所有液体,否则将会影响限制酶的酶切效果。

(9) 加入溶液Ⅲ时,要把液体充分混合并在冰上孵育足够的时间,使沉淀完全,如果未充分将细菌的裂解物与溶液Ⅲ混匀,将会影响质粒 DNA 的纯度。

(10) 在分子克隆的所有操作中,核酸的纯化甚为重要,其关键步骤是除去蛋白质,通常是用酚∶氯仿和氯仿抽提核酸的水溶液。每当需要把克隆操作的某一步作用的酶灭活或去除以便进行下一步时,可进行这种抽提。

从核酸溶液中去除蛋白质的标准方法是先用酚∶氯仿抽提,然后再用氯仿抽提。这一流程的原理是:使用两种不同的有机溶剂去除蛋白质比用单一有机溶剂效果更佳。此外,酚虽能有效地使蛋白质变性,却不能完全抑制 RNA 酶的活性,它还能溶解带有长 poly(A)段的 RNA 分子。使用酚∶氯仿∶异戊醇(25∶24∶1)混合液可以使这两个问题迎刃而解,继而用氯仿抽提则可以除去核酸制品中残留的痕量酚。

使用前必须对酚进行平衡使其 pH 在 7.8 以上,如果酚未被充分平衡至 pH 为 7.8~8.0,DNA 将趋于被分配到有机相。

(11) 应用最为广泛的核酸浓缩法是乙醇沉淀。在中等浓度的单价阳离子存在下得以形成的核酸沉淀物,可以通过离心进行回收并按所需浓度重溶于适当的缓冲液中。

主要的可变因素包括以下 3 种:

(1) 形成沉淀的温度:在 0 ℃且没有载体存在的情况下,DNA 也能形成沉淀,用台式离心机进行离心即可定量回收,对于浓度很低或片段很小(少于 100 个核苷酸)的 DNA,乙醇沉淀则应在更低的温度(−20 ℃或−70 ℃)或更长的时间(2 h 以上或过夜)进行。

(2) 在沉淀混合液中使用的单价阳离子的类型和浓度参见第六章的内容。

(3) 离心的时间与速度:在 1 mL 体积中的核酸沉淀物通常在台式高速离心机中经 12 000 r/min 离心 15 min 可定量回收,对于浓度很低或片段很小(少于 100 个核苷酸)的核酸,则需增大速度和延长时间使核酸紧贴在离心管底部。所含磷酸盐>1 mmol/L 或所含 EDTA>10 mmol/L 的缓冲液,不宜用于乙醇沉淀,因为这些物质可与核酸共沉淀,高浓度的磷酸盐离子和 EDTA 在乙醇沉淀前应通过常规柱层析或离心柱层析加以去除。

【复习思考】

(1) 加入溶液Ⅱ后,为什么会出现黏丝状物质?

(2) 质粒提取是分子生物学实验中最常用也是最基本的技术之一。除了用碱裂解法提取质粒外,还可用哪些方法?

实验十三　含重组质粒的细菌菌落的鉴定

【实验目的】

（1）掌握含有重组质粒的细菌菌落的鉴定方法，筛选出含有重组DNA的转化子。

（2）熟悉质粒提取和鉴定的实验原理。

（3）了解高速离心机的使用方法。

【实验原理】

鉴定含有重组质粒的细菌菌落的常用方法有4种：① α互补。② 小规模制备质粒DNA并进行限制酶酶切分析。③ 插入失活。④ 杂交筛选。

我们在此介绍小规模制备质粒DNA并进行限制酶酶切分析。从转化平皿中挑取一些独立的转化菌落进行小规模培养，从每一培养物中提取质粒DNA，用限制酶酶切和凝胶电泳进行分析。根据重组DNA的酶解产物与载体的酶解产物在同一琼脂糖凝胶中的电泳结果进行分析。

【实验器材】

超净工作台，培养箱，台式高速离心机，漩涡混合器，－70 ℃低温冰箱，恒温水浴箱，电泳仪，电泳槽，真空泵，手提式紫外灯，试管，Ep管，Tip头，微量加样器，记号笔。

【实验试剂】

含100 μg/mL氨苄青霉素的LB培养基，溶液Ⅰ，溶液Ⅱ，溶液Ⅲ，TE缓冲液(pH 8.0)，加样缓冲液(DNA凝胶电泳用)，10 mg/mL溴化乙锭，TE饱和酚，氯仿：异戊醇，70%乙醇，无水乙醇，限制酶及10×限制酶缓冲液，琼脂糖，TAE电泳缓冲液，RNaseA溶液(10 mg/mL)。

【操作步骤】

1. 重组质粒的提取

(1) 从平板上挑出 12 个转化子菌落,分别接种到 2.5 mL 含有氨苄青霉素(100 μg/mL)的 LB 培养基中,37 ℃振荡培养过夜,静置 16～18 h。

(2) 转移以上各种菌液 1.5 mL 于 Eppendorf 管中,在台式高速离心机内以 10 000 r/min 离心 1 min。

(3) 小心吸弃上清液,把 Eppendorf 管倒立在吸水纸上,除去管壁上的液体。

(4) 加入 100 μL 溶液Ⅰ,在漩涡振荡器上振荡悬浮细菌。

(5) 加入 200 μL 新鲜配制的溶液Ⅱ,将 Eppendorf 管盖紧,温和地翻转数次使混合物混匀。确保整个管壁都接触到溶液Ⅱ,不要用漩涡振荡器振荡,将 Eppendorf 管置冰上 5 min。

(6) 加入 150 μL 预冷至 0 ℃的溶液Ⅲ,盖紧管盖,来回翻转数次,使溶液Ⅲ与黏稠的细胞裂解物混匀,置冰浴 10 min。

(7) 在台式高速离心机内以 12 000 r/min 离心 5 min。

(8) 转移上清液到另一 Eppendorf 管中,加入 0.6 mL 的异丙醇,混匀,置室温 10 min。

(9) 12 000 r/min 离心 5 min,弃去上清液。

(10) 70%乙醇洗涤沉淀物,倒去乙醇,然后真空抽干 DNA。

(11) 加入 400 μL TE 缓冲液,溶解 DNA,再加入 4 μL RNaseA(1 mg/mL),37 ℃保温 30 min。

(12) 加入等体积酚:氯仿:异戊醇,振荡混合。10 000 r/min 离心 2 min,将上清液转移到一新的 Ep 管中。

(13) 加入 2 倍体积的无水乙醇,0.1 倍体积的 3 mol/L NaAc(pH 5.2),振荡混合,于 -20 ℃静置 10 min。

(14) 室温下 12 000 r/min 离心 10 min。

(15) 去除上清液,将 Ep 管倒立于吸水纸上使所有液体流尽。

(16) 加入 1 mL 70%乙醇,短暂振摇,然后再 10 000 r/min 离心 5 min。

(17) 去除所有上清液,室温短暂干燥。

(18) 加入 20 μL 的 TE 缓冲液(pH 8.0),溶解沉淀物。所得样品即可用于分析或置于 -20 ℃ 保存待用。

2. 重组质粒的酶切

构建重组质粒酶切体系,限制性内切酶反应一般在灭菌的 15 mL 离心管中进行,在冰浴上建立酶切反应体系(20 μL),按表 2.13.1 加入有关试剂。

表 2.13.1　灭菌离心管的加液步骤

试剂	剂量
ddH_2O	9 μL
10×Green buffer	2 μL
EcoR Ⅰ	0.5 μL
Pst Ⅰ	0.5 μL
重组质粒	8 μL

37 ℃水浴 10 min,同时酶切载体作为对照。

3. 重组质粒的酶切产物的电泳鉴定

将全部样品点样置于同一琼脂糖凝胶(溶于 1×TAE 的 1%琼脂糖)上。采用 50 V 电压,电泳 1 h。

【结果分析】

观察电泳结果,分析 DNA 区带,和预期结果对比。

【注意事项】

(1) 全程在低温环境下进行。

(2) 涂棒每次使用之前要用酒精灯外焰烧 3 次以上,防止污染杂菌。

(3) 孵育温度根据菌种的要求选择。

(4) 沉淀细菌后,菌液一定要处理干净。

【复习思考】

(1) 为什么制备过程要在冰上操作?

(2) 查阅文献资料,还有哪些快速鉴定重组质粒菌落的方法?

实验十四　凝胶过滤层析法测定蛋白质分子量

【实验目的】

(1) 掌握利用凝胶层析法测定蛋白质分子量的原理。

(2) 熟悉测定未知蛋白质样品分子量的方法。

(3) 了解用标准蛋白质混合液制作 V_e,K_{av}对 $\lg M_r$ 的"选择曲线"。

【实验原理】

根据凝胶层析的原理,同一类型化合物的洗脱特征与组分的分子量有关。流过凝胶柱时,按分子大小顺序流出,分子量大的走在前面。洗脱容积 V_e 是该物质分子量对数的线性函数,可用下式表示:

$$V_e = K_1 - K_2 \lg M_r$$

式中,K_1与 K_2为常数,M_r为分子量,V_e也可用 $V_e - V_o$(分离体积),$V_e V_o$(相对保留体积),$V_e V_t$(简化的洗脱体积,它受柱的填充情况的影响较小)或 K_{av}代替,与分子量的关系同上式,只是常数不同,通常多以 K_{av}对分子量的对数作图得一曲线,称为"选择曲线"(图 2.14.1)。

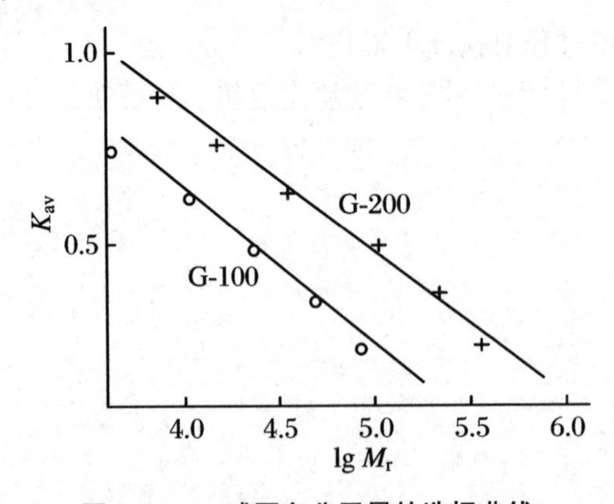

图 2.14.1　球蛋白分子量的选择曲线

曲线的斜率是说明凝胶性质的一个很重要的特征。在允许的工作范围内，曲线越陡，分级越好，而工作范围越窄。凝胶层析主要决定于溶质分子大小，每一类型的化合物如球蛋白类，右旋糖酐类等都有它自己的特殊的选择曲线，可用以测定未知物的分子量，测定时以使用曲线的直线部分为宜。

【实验器材】

层析柱柱管直径(1.0～1.3 cm，管长 90～100 cm 铁架台)，自动部分收集器，恒流泵或恒压瓶，蝴蝶夹，小烧杯，胶头滴管，玻璃棒，刻度离心管(10 mL)，752N型紫外可见分光光度计。

【实验试剂】

(1) 标准蛋白质混合液(蛋白质各 2～3 mg/mL，用 KCl-HAc 溶液配制)。

(2) 牛血清清蛋白(分子量 67 000)。

(3) 鸡卵清蛋白(分子量 43 000)。

(4) 胰凝乳蛋白酶原 A(分子量 25 000)。

(5) 结晶牛胰岛素(pH＝2.0 时为二聚体，分子量 12 000)等均需层析纯。

(6) 蓝色葡聚糖-2000(2 mg/mL)。

(7) N-乙酰酪氨酸乙酯或$(NH_4)_2SO_4$(1～2 mg/mL)。

(8) 0.025 mol/L KCl-0.2 mol/L HAc 溶液。

(9) Sephadex G-75(或 G-100)。

(10) 5% $Ba(Ac)_2$。

【操作步骤】

1. 凝胶的选择和处理

凝胶颗粒最好选用大小比较均匀的，这样流速稳定，实验结果较好。如果颗粒大小不匀，用倾泻法倾去不易沉下的较细颗粒。将称好的干粉倾入过量的洗脱液(一般多用水、盐溶液或缓冲溶液)中，室温下放置，使之充分溶胀。注意不要过分搅拌，以防颗粒破碎。溶胀时间因凝胶交联度不同而异。为了缩短溶胀时间，可在沸水浴上将其加热到将近 100 ℃，这样可大大缩短溶胀时间，而且还可以杀死细菌和真菌，并可排除凝胶内的气泡。

2. 装柱

装柱前，必须用真空干燥器抽尽凝胶中的空气。装柱方法与一般柱层析法相似。层析柱可以自制或外购，目前已有各种规格的层析柱商品。装柱前须将凝胶上面过多的溶液倾出，关闭层析柱的出水口，并向柱管内加入约 1/3 柱容积的洗脱液,然后再搅拌一下,将浓浆状的凝胶连续地倾入柱中,使之自然沉降,待凝胶沉降2～3 cm后,打开柱的出口,调节合适的流速,使凝胶继续沉积,待沉积的胶面上升到离柱的顶端约5 cm处时停止装柱,关闭出水口。接着再通过2～3倍柱床容积的洗脱液使柱床稳定,然后在凝胶表面上放一片滤纸或尼龙滤布,以防将来在加样时凝胶被冲起,并始终保持凝胶上端有一段液体。

新装好的柱要检验其均一性,可用带色的高分子物质如蓝色葡聚糖-2000(又称蓝色右旋糖,商品名为Blue dextran-2000)、红色葡聚糖或细胞色素C等配成2 mg/mL的溶液过柱,看色带是否均匀下降,或将柱管向光照方向用眼睛观察,看是否均匀,有无“纹路”或气泡。若层析柱床不均一,必须重新装柱。

3. 加样

加样要考虑到溶液的浓度与黏度两个方面。分析用量一般为1～2 mL/100 mL柱床容积(1%～2%);制备用量一般为20～30 mL/100 mL柱床容积。加样方法与一般柱层析相同。

夹紧上、下进出水口的夹子,为防止操作压改变,可将塑料管下口抬高至离柱上端约50 cm处(SephadexG-75,选用50 cm液柱操作压),打开柱上端的塞子或螺丝帽,吸出层析柱中多余液体直至与胶面相切(见图2.14.2)。沿管壁将样品溶液小心加到凝胶床面上,应避免将柱面凝胶冲起,打开下口夹子,使样品溶液流入柱内,同时收集流出液,当样品溶液流至与胶面相切时,夹紧下口夹子。按加样操作,用1 mL洗脱液冲洗管壁2次。最后加入3～4 mL洗脱液于凝胶上,旋紧上口螺丝帽,柱进水口连通恒压瓶,柱出水口与核酸蛋白质检测仪比色池进液口相连,比色池出液口再与自动部分收集器相连。

4. 洗脱

洗脱液应与凝胶溶胀所用液体相同。洗脱用的液体有水(多用于分离不带电荷的中性物质)及电解质溶液(用于分离带电基团的样品),如酸、碱、盐的溶液及缓冲液等。对于吸附较强的组分,也有使用水与有机溶剂的混合液,如水-甲醇、水-乙醇、水-丙酮等为洗脱剂,可以减少吸附,将组分洗下。本实验洗脱用0.025 mol/L KCl-0.2 mol/L HAc溶液。

洗脱时,打开上、下进出口的夹子,用0.025 mol/L KCl-0.2 mol/L HAc溶液,以每管3 mL/10 min的流速洗脱,用自动部分收集器收集流出液。

5. 重装

一般地说,一次装柱后,可反复使用,无特殊的“再生”处理,只需在每次层析后用3～4倍柱床体积的洗脱液过柱。由于使用过程中,颗粒可能逐步沉积压紧,流速会逐渐减低,使得一次分析用时过多,这时需要将凝胶倒出,重新填装;或用反冲方法,使凝胶松动冲起,再行沉降。有时流速改变是由于凝胶顶部有杂质集聚,这时则需将混有脏物的凝胶取出，必要时可将上部凝胶搅松后补充部分新胶，经沉集、平衡后即可使用。

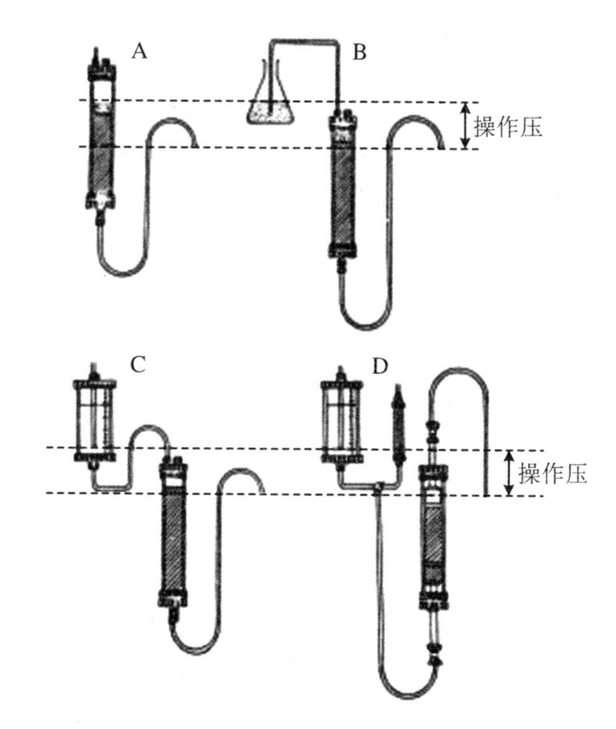

图 2.14.2　各种层析柱装置的操作压(或静水压)

A 和 B:操作压等于柱或贮液器内液面和出水接管末端的高度差;
C 和 D:压力的大小由恒压瓶内空气入口管的底部末端的高度计算,
向下或向上移动出水管都不影响压力

6. 凝胶的保存方法

(1) 膨胀状态：即凝胶在水相中保存，加入防腐剂或加热灭菌后于低温保存。

(2) 半收缩状态：凝胶用完后用水洗净，然后再用 60%～70% 乙醇洗，则凝胶体积缩小，于低温保存。

(3) 干燥状态：凝胶用水洗净后，加入含乙醇的水洗，并逐渐加大乙醇量，最后用 95% 乙醇洗，则凝胶脱水收缩，再用乙醚洗去乙醇，抽滤至干，于 60～80 ℃ 干燥后保存。这 3 种方法中，以干燥状态保存为最好。

7. 蛋白质分子量测定

根据待测蛋白质的分子量范围选用 Sephadex G-75 或 G-100 型凝胶，其颗粒在 40～120 μm，柱管选用直径 1.0～1.3 cm，柱长 90～100 cm，本实验选用 1.1×100 cm 的商品层柱。

(1) 测定 V_o 和 V_i:将0.5 mL蓝色葡聚糖-2000和$(NH_4)_2SO_4$混合液(2 mg/mL)上柱、洗脱,分别测出 V_e。蓝色葡聚糖的 V_e 即为该柱的 V_o,$(NH_4)_2SO_4$洗脱体积 V_e 减去 V_o 即为柱的 V_i。蓝色葡聚糖的洗脱峰可根据颜色判断,$(NH_4)_2SO_4$洗脱用 $Ba(Ac)_2$生成的沉淀判断。

(2) 标准曲线的制作:按上述方法将 1 mL 标准蛋白质混合液上柱,然后用0.025 mol/L KCl-0.2 mol/L HAc 溶液洗脱。流速为3 mL/10 min,3 mL/管。用部分收集器收集,核酸蛋白质检测仪于 280 nm 处检测,记录洗脱曲线,或收集后用紫外分光光度计于 280 nm 处测定每管光吸收值。以管号(或洗脱体积)为横坐标,光吸收值为纵坐标作出洗脱曲线。

根据洗脱峰位置,量出每种蛋白质的洗脱体积(V_e)。然后,以蛋白质分子量的对数 $\lg M_r$ 为纵坐标,V_e 为横坐标,作出标准曲线(图 2.14.3)。为使结果可靠,应以同样条件重复1～2 次,取 V_e 的平均值作图。

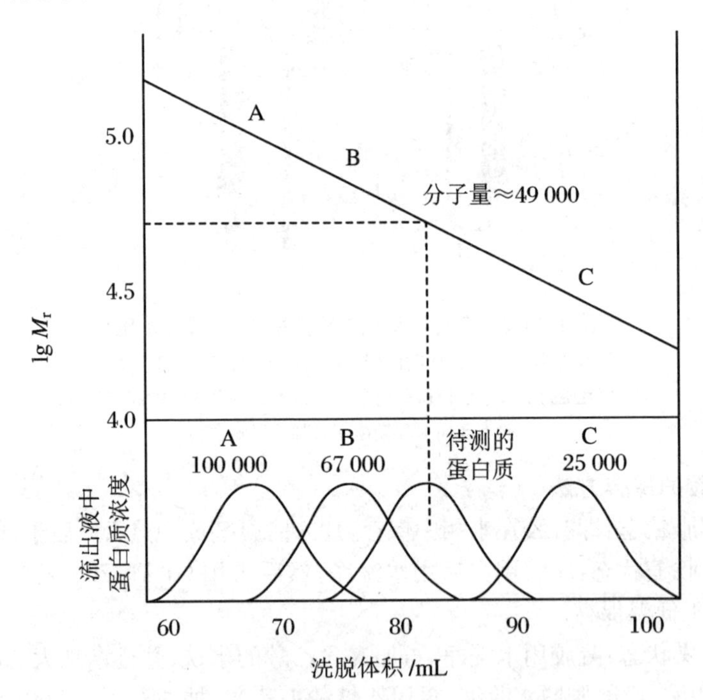

图 2.14.3 洗脱体积和分子量(M_r)的关系

同时根据已测得的 V_o 和 V_i 以及通过测量柱的直径和凝胶柱床高度,计算出的 V_t,分别求出 K_d 和 K_{av}。

$$K_d = \frac{V_e - V_o}{V_i};\quad K_{av} = \frac{V_e - V_o}{V_t - V_o}$$

也可以以 K_d 或 K_{av}为横坐标,$\lg M_r$ 为纵坐标作出标准曲线。

(3) 未知样品分子量的测定:完全按照标准曲线的条件操作。

【结果分析】

根据紫外检测的洗脱峰位置,量出洗脱体积,重复测定 1～2 次,取平均值。也可以计算出 K_{av},分别由标准曲线查得样品的分子量。

【注意事项】

(1) 装柱要均匀,不能过松也不能过紧,最好在要求的操作压力下装柱,流速不宜过快,避免因此而压紧凝胶。

(2) 始终保持柱内液面高于凝胶表面,否则水分挥发,凝胶变干。也要防止液体流干,使凝胶混入大量气泡,影响液体在柱内的流动,导致分离效果变坏,必须重新装柱。

(3) 洗脱用的液体应与凝胶溶胀所用液体相同,否则,由于更换溶剂引起凝胶容积变化,从而影响分离效果。

【复习思考】

(1) 根据实验中遇到的各种问题,概述做好本实验的经验与教训。

(2) 概述蛋白质分子量测定方法的基本理论与依据。

实验十五　Southern 杂交

【实验目的】

(1) 掌握 Southern 杂交技术的原理和应用。

(2) 熟悉 Southern 转移的技术方法。

(3) 了解 Southern 转移的操作技术的注意事项。

【实验原理】

DNA 片段经电泳分离后,从凝胶中转移到硝酸纤维素滤膜或尼龙膜上,然后与探针杂交。被检对象为 DNA,探针为 DNA 或 RNA。Southern 杂交可用来检测经限制性内切酶切割后的 DNA 片段中是否存在与探针同源的序列。Southern 杂交示意图如图 2.15.1 所示。

【实验器材】

电泳仪,电泳槽,塑料盆,真空烤箱,放射自显影盒,X 光片,杂交袋,硝酸纤维素滤膜或尼龙膜,滤纸。

【实验试剂】

1. 材料

(1) 待检测的 DNA。

(2) 已标记好的探针。

2. 试剂

(1) 10 mg/mL 溴化乙锭(EB)。

(2) 50×Denhardt's 溶液:5 g Ficoll-400,5 g PVP,5 g BSA 加水至 500 mL,过滤除菌后于 −20 ℃贮存。

(3) 1×BLOTTO 溶液:5 g 脱脂奶粉,0.02%叠氮钠,于 4 ℃贮存。

(4) 预杂交溶液:6×SSC,5×Denhardt's,50%甲酰胺。

(5) 杂交溶液:预杂交溶液中加入变性探针即为杂交溶液。

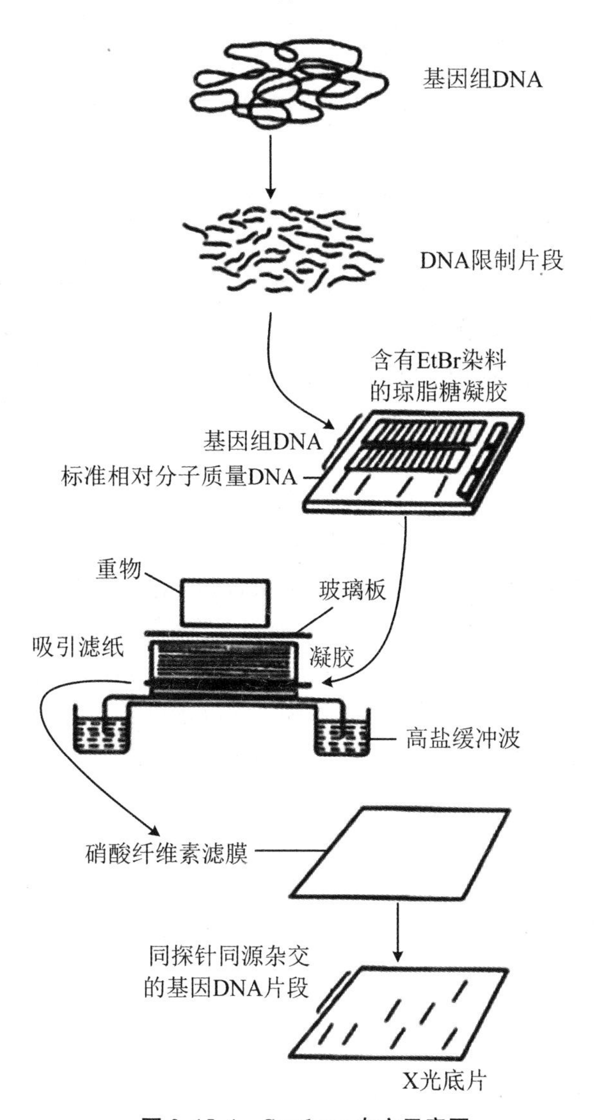

图 2.15.1　Southern 杂交示意图

(6) 0.2 mol/L HCl。

(7) 0.1% SDS。

(8) 0.4 mol/L NaOH。

(9) 变性溶液:87.75 g NaCl,20.0 g NaOH 加水至 1 000 mL。

(10) 中和溶液:175.5 g NaCl,6.7g Tris-HCl,加水至 1 000 mL。

(11) 硝酸纤维素滤膜。

(12) 20×SSC 溶液:3 mol/L NaCl,0.3 mol/L 柠檬酸钠,用 1 mol/L HCl 调

节 pH 至 7.0。

(13) 2×SSC、1×SSC、0.5×SSC、0.25×SSC 和 0.1×SSC 溶液,用 20×SSC 溶液稀释。

【操作步骤】

1. 琼脂糖凝胶电泳

(1) 约 50 μL 体积中酶切 10 pg～10 μg 的 DNA,然后在琼脂糖凝胶中电泳 12～24 h(包括 DNA 分子量标准物)。

(2) 在 500 mL 水中加入 25 μL 10 mg/mL 溴化乙锭,将凝胶放置其中染色 30 min,然后照相。

2. Southern 转移

(1) 依次用下列溶液处理凝胶,并轻微摇动,加 500 mL 0.2 mol/L HCl 10 min,倾去溶液(如果限制性片段>10 kb,酸处理时间为 20 min),用水清洗数次,倾去溶液;用 500 mL 变性溶液处理 2 次,每次 15 min,倾去溶液;再放入 500 mL 中和溶液中 30 min。如果使用尼龙膜杂交,本步骤可以省略。

(2) 戴上手套,在盘中加 20×SSC 液,将硝酸纤维素滤膜先用无菌水完全浸湿,再用 20×SSC 浸泡。将硝酸纤维素滤膜一次准确地盖在凝胶上,去除气泡。用浸过 20×SSC 液的 3 层滤纸盖住滤膜,然后加上干的 3 层滤纸和干纸巾,根据 DNA 复杂程度转移 2～12 h。当使用尼龙膜杂交时,该膜用水浸润一次即可,转移时用 0.4 mol/L NaOH 代替 20×SSC。简单的印迹转移 2～3 h,对于基因组印迹,一般需要较长时间的转移。

(3) 去除纸巾等,用蓝色圆珠笔在滤膜右上角记下转移日期,做好记号,取出滤膜,在 2×SSC 中洗 5 min,晾干后在 80 ℃真空烤箱中烘烤 2 h。注意在使用尼龙膜杂交时,只能空气干燥,不得烘烤。

3. 杂交

(1) 将滤膜放入含 6～10 mL 预杂交液的密封小塑料袋中,将预杂交液加在袋的底部,前后挤压小袋,使滤膜湿透。在一定温度下(一般为 37～42 ℃)预杂交 3～12 h,弃去预杂交液。

(2) 制备同位素标记探针,探针煮沸变性 5 min。

(3) 在杂交液中加入探针,混匀。如步骤 1 将混合液注入密封塑料袋中,在与预杂交相同的温度下杂交 6～12 h。

(4) 取出滤膜,依次用下列溶液处理,并轻轻摇动:在室温下,1×SSC 0.1% SDS,15 min,2 次。在杂交温度下,0.25×SSC 0.1% SDS,15 min,2 次。

(5) 空气干燥硝酸纤维素滤膜,然后在 X 光片上曝光。通常曝光 1～2 d 后可见 DNA 谱带。

【结果分析】

根据得到的 DNA 谱带，分析实验结果。

【注意事项】

（1）实验全过程均要戴手套，以避免酸碱对皮肤的损伤以及皮肤对滤膜的污染。取拿滤膜时要使用平头镊子。

（2）操作时必须严格按照核素的操作规程进行，以防止核素污染。

（3）在转移过程中，如果吸水纸全部湿润须及时更换，否则会造成缓冲液的逆流。

【复习思考】

（1）哪些因素会影响杂交结果？

（2）Southern 杂交中，DNA 转移有哪些常用方法？

（3）说明在杂交过程中洗膜的重要性。

实验十六　Northern 杂交

【实验目的】

(1) 掌握 Northern 杂交技术的操作方法。

(2) 熟悉 Northern 杂交技术的原理和应用。

(3) 了解 Northern 杂交和 Southern 杂交的相同和不同之处。

【实验原理】

Northern 杂交的实验原理与 Southern 杂交基本相似，主要区别是其检测对象为 RNA。RNA 电泳需要在变性条件下进行，以去除分子中的二级结构，保证 RNA 分子完全按分子大小进行分离。变性电泳主要有乙二醛变性电泳、甲醛变性电泳和羟甲基汞变性电泳三种。RNA 电泳分离后用与 Southern 杂交相同的转移方法将 RNA 转移至硝酸纤维素膜等固相支持物上，然后与探针进行杂交。

【实验器材】

电泳仪，电泳槽，塑料盆，真空烤箱，放射自显影盒，X 光片，杂交袋，硝酸纤维素滤膜或尼龙膜，滤纸。

【实验试剂】

1. 材料

待检测的 RNA 及制备好的探针。

2. 试剂

(1) 20×SSPE 溶液：175.3 g NaCl，88.2 g 柠檬酸钠，溶于 800 mL 水中，用 10 mol/L NaOH 调 pH 至 7.4，定溶到 1 L。

(2) 其他试剂：与 Southern 杂交试剂类似，只是所有的试剂均应用 DEPC 处理，抑制 RNA 酶的活性。

【操作步骤】

1. Northern 转移

(1) RNA 经变性电泳完毕后,可立即将乙醛酰 RNA 转移至硝酸纤维素滤膜上。转移方法与转移 DNA 的方法相似。

(2) 转移完毕后,以 6×SSC 溶液于室温浸泡此膜 5 min,除去琼脂糖碎片。

(3) 将该杂交膜夹于两张滤纸中间,用真空烤箱于 80 ℃干燥 0.5~2 h。

2. 杂交

(1) 用下列两种溶液之一进行预杂交,时间为 1~2 h。若于 42 ℃进行,应采用 50%甲酰胺,5×SSPE,2×Denhardt's 试剂,0.1%SDS;若于 68 ℃进行,应采用 6×SSC,2×Denhardt's 试剂,0.1%SDS(注意:BLOTTO 不能用于 Northern 杂交)。

(2) 在预杂交液中加入变性的放射性标记探针,如欲检测低丰度 mRNA,所用探针的量至少为 0.1 μg,放在适宜的温度条件下杂交 16~24 h。

(3) 用 1×SSC、0.1%SDS 于室温洗膜 20 min,随后用 0.2×SSC、0.1%SDS 于 68 ℃洗膜 3 次,每次 20 min。

(4) 用 X 光片(Kodak XAR-2 或与之相当的产品)进行放射自显影,附加增感屏于 -70 ℃曝光 24~48 h。

【结果分析】

根据得到的 RNA 谱带,分析实验结果。

【注意事项】

(1) 如果琼脂糖浓度高于 1%,或凝胶厚度大于 0.5 cm,或待分析的 RNA 大于 2.5 kb,需用 0.05 mol/L NaOH 浸泡凝胶 20 min,部分水解 RNA 并提高转移效率。浸泡后用经 DEPC 处理的水淋洗凝胶,并用 20×SSC 浸泡凝胶 45 min。然后再转移到滤膜上。

(2) 在杂交步骤(3)的操作中,如果滤膜上含有乙醛酰 RNA,杂交前需用 20 mmol/L Tris-HCl(pH 8.0)于 65 ℃洗膜,以除去 RNA 上的乙二醛分子。

(3) RNA 自凝胶转移至尼龙膜所用的方法,与 RNA 转移至硝酸纤维素滤膜所用方法类似。

(4) 含甲醛的凝胶在 RNA 转移前需用经 DEPC 处理的水淋洗数次,以除去甲醛。当使用尼龙膜杂交时应注意,有些带正电荷的尼龙膜在碱性溶液中具有固着核酸的能力,需用 7.5 mmol/L NaOH 溶液洗脱琼脂糖中的乙醛酰 RNA,同时可部分水解 RNA,并提高较长 RNA 分子(>2.3 kb)转移的速度和效率。此外,碱可以除去 mRNA 分子的乙二醛加合物,免去固定后洗脱的步骤。乙醛酰 RNA 在碱性条件下转移至带正电荷尼龙膜的操作也按 DNA 转移的方法进行,但转移缓冲液为 7.5 mmol/L NaOH,转移结束后(4.5~6.0 h),尼龙膜需用 2×SSC、0.1% SDS 淋洗片刻,于室温晾干。

(5) 尼龙膜的不足之处是背景较高,用 RNA 探针时尤为严重。将滤膜长时间置于高浓度的碱性溶液中,会导致杂交背景明显升高,可通过提高预杂交和杂交步骤中有关阻断试剂的量来予以解决。

(6) 如用中性缓冲液进行 RNA 转移,转移结束后,将晾干的尼龙膜夹在两张滤纸中间,于 80 ℃ 干烤 0.5~2 h,或者用 254 nm 波长的紫外线照射尼龙膜带 RNA 的一面。后一种方法较为繁琐,但却优先使用此方法,因为某些批号的带正电荷的尼龙膜经此处理后,杂交信号可以增强。为获得最佳效果,必须确保尼龙膜不被过度照射,适度照射可促进 RNA 上小部分碱基与尼龙膜表面带正电荷的氨基形成交联结构,而过度照射却使 RNA 上一部分胸腺嘧啶共价结合于尼龙膜表面,导致杂交信号减弱。

【复习思考】

(1) 比较 Northern 杂交与 Southern 杂交的异同点。

(2) 概述 Northern 杂交在病毒性疾病诊断中的应用。

实验十七　聚合酶链反应体外扩增 DNA(PCR)

【实验目的】

(1) 掌握 PCR 技术的操作过程和注意事项。

(2) 熟悉 PCR 技术的工作原理。

(3) 了解 PCR 技术的常见问题及处理方法。

【实验原理】

PCR 扩增是模拟天然 DNA 的复制过程,利用 DNA 聚合酶在体外(试管中)扩增一对引物之间特异性 DNA 片段的方法。其主要热循环过程可分为 3 个步骤:① 变性(denature):在 93~98 ℃(常用 94 ℃或 95 ℃)高温条件下,模板 DNA 双螺旋之间的氢键断裂,双链解链成单链,提供 DNA 复制的有效模板。② 退火(anneal):在低温条件下(37~65 ℃),引物自发与待扩增 DNA 上互补区准确配对结合,形成杂交双链,提供游离 3′—OH 端供 DNA 复制起始;由于引物比模板 DNA 的分子数远远过量,故引物与模板 DNA 结合的概率远高于 DNA 分子自身的复性。③ 延伸(extend):依赖 Mg^{2+},DNA 聚合酶在最适作用温度(68~75 ℃)下催化底物 dNTP 按照碱基互补配对原则,从特异结合到 DNA 模板上的引物 3′—OH 端开始,通过逐个形成三磷酸酯键添加到新链中,合成与模板互补的新的 DNA 分子。

以上变性、退火、延伸三个过程组成一个循环周期;每个周期合成的产物又可作为下一个周期的模板。这一过程通常循环 25~40 个周期,经过 n 轮循环后,靶 DNA 的拷贝数理论上呈 2^n 增长;循环进行完毕,通常最后还在 DNA 聚合酶最适温度下延伸 5~10 min,得到大量的目的 DNA 片段的拷贝数。

【实验器材】

PCR 仪 ABI 1500 型,0.2 mL EP 管若干,微量移液器,电泳相关设备,凝胶成像仪。

【实验试剂】

DNA模板pUC19,引物,10×PCR buffer(含 Mg^{2+}),10 mmol/L dNTPmix(含dATP、dCTP、dGTP、dTTP各2.5 mmol/L),Taq DNA聚合酶,DL2000 Marker,琼脂糖,EB 6×上样缓冲液,0.5×TBE电泳缓冲液。

【操作步骤】

PCR扩增的操作程序基本相同,只是根据引物和模板的不同,选择不同的反应体系与循环参数。

本次实验的步骤如下:

(1) 标记一个洁净的200 μL反应管,按表2.17.1依次加入有关试剂。

表2.17.1 反应管的加液步骤

试剂	剂量
10×PCR反应缓冲液	5 μL
2 mmol/L dNTPs	4 μL
上游引物	1 μL
下游引物	1 μL
DNA模板	1 μL
1 μLTaq DNA聚合酶	0.5 μL
ddH_2O	补至50 μL

将上述试剂混合均匀后,离心15 s,使反应成分均匀富集于管底,做好标记。

(2) 调整好反应程序。将EP管放入PCR仪中,执行扩增。95 ℃预变性5 min,之后进入循环扩增阶段:变性94 ℃ 30 s,退火52 ℃ 30 s,延伸72 ℃ 30 s,循环30次,最后在72 ℃保温10 min,迅速冷却至4 ℃。

(3) 反应结束后,取5 μL做DNA琼脂糖凝胶电泳实验,进一步通过溴化乙锭等染色,在紫外灯下观察扩增产物的质量,正常DNA电泳带应清晰、整齐,并通过与已知分子量大小的DNA标志物比较,初步了解产物大小是否与预期吻合。

如图2.17.1所示为一段约280 bp DNA片段在1.5%琼脂糖凝胶电泳的检测结果(教师讲解时画出该示意图)。

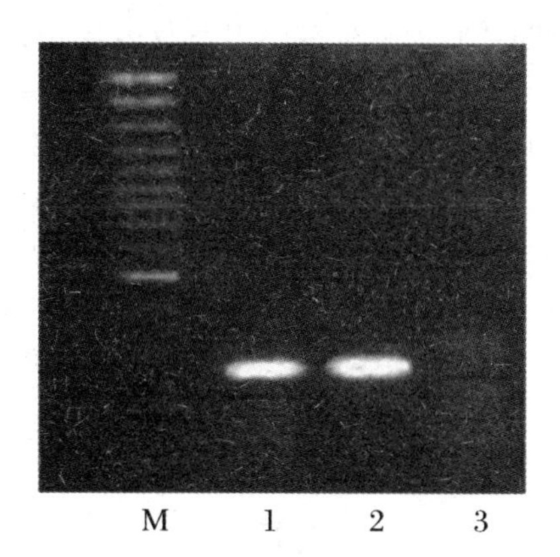

图 2.17.1　PCR 产物检测的琼脂糖凝胶电泳图

M：100 bp 梯级 DNA 分子量标志物；泳道 1：阳性对照；泳道 2：靶 DNA 扩增；泳道 3：阴性对照

【结果分析】

(1) 观察 PCR 结果是否含有扩增产物。

(2) 如有拖尾或有几条区带，说明有非特异性扩增。

(3) 分子量标准电泳后区带是否分开。

(4) 与分子量标准比较，PCR 产物的长度是否正确。

(5) PCR 产物的产量。

【注意事项】

(1) PCR 扩增体积大小应根据需要进行调整，如需要产物量较多，可使用 100 μL 反应系统，而临床诊断性检测，常使用 10 μL 或 20 μL 反应体系。须戴手套操作，避免污染。

(2) 在冰上操作。

(3) PCR 反应要在一个没有 DNA 污染的干净环境中进行，有条件的话最好建立一个专用的 PCR 实验室。

(4) 提取出来的 DNA 模板需要做纯化，除去蛋白质。

(5) 引物碱基序列设计要合理，避免引起错配。

(6) 退火温度应该比 T_m 值低 4～5 ℃。

【常见问题分析】

1. 如何提高 PCR 扩增的特异性

(1) 升高退火温度可增加引物与模板结合的特异性。

(2) 缩短退火和延伸时间,可减少错误引发及多余的 DNA 聚合酶分子参与酶促延伸的机会。

(3) 降低引物和酶的浓度也可以减少错误引发,尤其是能减少引物二聚体的引发。

(4) 改变 Mg^{2+} 的浓度可进一步提高扩增的特异性。

(5) 引物设计的特异性。

(6) 减少循环次数。

(7) 热启动(hot start)。即首先将模板变性,然后在较高温度时加入 Taq DNA 聚合酶、引物及 $MgCl_2$ 等一些重要成分,这样使得引物在较高温度下与模板退火,提高了反应的严谨性,使扩增更具有特异性。

(8) 采用二对引物即外引物和内引物进行扩增来提高扩增的特异性,扩增区曲线图如图 2.17.2 所示。

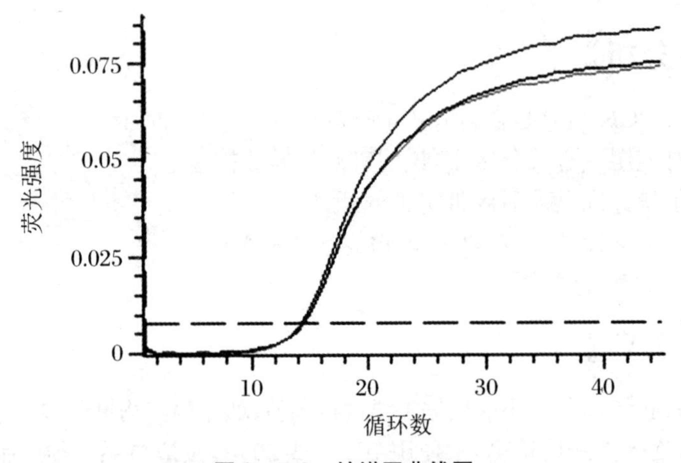

图 2.17.2 扩增区曲线图

2. 如何避免引物二聚体

(1) 如果两种引物的 3′端互补的话,便容易出现引物二聚体,表明两种引物的暂时相互作用将其末端带到一起,这可能是二聚体形成的原因。通过引物设计可避免此问题。

(2) 几种聚合酶(包括 Taq DNA 聚合酶)已被证明具有较弱的非模板指导的聚合作用,该作用可以将核苷酸添加到 DNA 链的末端。应用最低量的引物和酶来减少引物二聚体的发生。

3. PCR 的污染及对策

分区操作,至少分成反应体系准备区、反应区、反应产物检测区,各区之间不得交叉使用器械、试剂。

【复习思考】

(1) 简述 PCR 扩增的原理。

(2) 何谓引物？简述引物在 PCR 中的作用。

(3) 如何判断 PCR 产物电泳分析结果？

(4) 如果有非特异扩增产物,如何提高 PCR 扩增的特异性？

实验十八　TRNzol 法提取 RNA

【实验目的】

(1) 掌握动物组织或细胞中 RNA 与 DNA 的分离、提取、测定的实验方法。

(2) 熟悉 RNA 与 DNA 的分离、提取、测定的实验原理。

(3) 了解 RNA 与 DNA 的分离、提取的新技术。

【实验原理】

TRNzol 试剂是具有较强的裂解能力,较高的灵敏度,可从病毒、细菌、真菌、动物和植物细胞、组织、体液等样本中提取总 RNA 的试剂。TRNzol 能够充分裂解样本、溶解细胞内含物,并有效抑制 RNase 活性,高效提取样本中的总 RNA,同时保证了提取过程中 RNA 的完整性。该试剂对样本起始量无限制,1 h 内即可完成反应,然后经过氯仿等有机溶剂抽提 RNA,再经过沉淀、洗涤、晾干,最后溶解。由于 RNA 酶无处不在,随时可能将 RNA 降解,所以实验中有很多地方需要注意,稍有疏忽就会前功尽弃。

【实验器材】

EP 管,匀浆器,移液枪,漩涡振荡器,低温速高离心机,冰袋,电泳仪,琼脂糖凝胶,超净工作台。

【实验试剂】

TRNzol 试剂,氯仿,异丙醇,RNase-Free ddH_2O,75%乙醇(使用 RNase-Free ddH_2O 配制)。

【操作步骤】

1. 组织 RNA 和 DNA 的分离、提取

(1) 样品处理。

① 动物组织:以鼠的肝脏 RNA 提取为例。取新鲜或 -70 ℃冻存组织,每

30～50 mg 组织加入 1 mL TRNzol Universal 试剂，用匀浆仪进行匀浆处理。样品体积一般不要超过 TRNzol Universal 试剂体积的 10%。

② 单层培养细胞：单层贴壁细胞的收集（收集细胞数量请不要超过 1×10^7）：可直接在培养容器中裂解（容器体积不超过 10 mL），或者使用胰蛋白酶处理后离心收集细胞沉淀（在摇瓶中培养的单层贴壁细胞通常采用胰蛋白酶处理的方法）。a. 直接裂解法：直接在培养板中加入 TRNzol Universal 试剂裂解细胞，每 10 cm^2 加入 1 mL TRNzol Universal 试剂。用取样器吹打几次。注意：TRNzol Universal 试剂加量是由培养板面积决定的，不是由细胞数决定的。如果 TRNzol Universal 试剂加量不足，可能导致提取的 RNA 中有 DNA 污染。b. 胰蛋白酶处理法：确定细胞数量，吸除培养基，用 PBS 洗涤细胞，吸除 PBS，向细胞中加入含有 0.1%～0.25% 胰蛋白酶的 PBS 处理细胞，当细胞脱离容器壁时，加入含有血清的培养基失活胰蛋白酶，将细胞溶液转移至 RNase-free 的离心管中，$300\times g$ 离心 5 min，收集细胞沉淀，仔细吸除所有上清液。注意：收集细胞时一定要将细胞培养液去除干净，否则会导致裂解不完全，造成 RNA 的产量降低。

③ 细胞悬液：离心取细胞。每 5×10^6～1×10^7 动物细胞和植物细胞加入 1 mL TRNzol Universal 试剂。加入 TRNzol Universal 试剂前不要洗涤细胞，以免降解 mRNA。

④ 血液与病毒液处理：直接取新鲜的血液或病毒液，加入 3 倍体积 TRNzol Universal 试剂（推荐 0.2 mL 全血或病毒液加入 0.6 mL TRNzol Universal 试剂），充分振荡混匀。

（2）将匀浆样品在室温放置 5 min，使得核酸蛋白复合物完全分离。

（3）4 ℃，12 000 r/min（～$13\,400\times g$）离心 10 min，取上清液。注意：如果样品中含有较多蛋白质、脂肪、多糖或肌肉、植物结节部分等，可离心去除。离心得到的沉淀中包括细胞外膜、多糖、高分子量 DNA，上清液中含有 RNA。处理脂肪组织样品时，上层是大量油脂，应除去。取澄清的匀浆溶液进行下一步操作。

（4）每使用 1 mL TRNzol Universal 试剂加 0.2 mL 氯仿，盖好管盖，剧烈振荡 15 s，室温放置 3 min。注意：如不能旋涡混匀，可手动快速颠倒混匀 2 min。

（5）4 ℃，12 000 r/min（～$13\,400\times g$）离心 15 min。样品会分成 3 层：粉色的有机相，中间层和上层无色的水相，RNA 主要在水相中，把水相（约 500 μL）转移到新的离心管中。

（6）在得到的水相溶液中加入等体积异丙醇，混匀，室温放置 10 min。

（7）4 ℃，12 000 r/min（～$13\,400\times g$）离心 10 min，去上清液。离心前 RNA 沉淀经常是看不见的，离心后在管侧壁和管底形成胶状沉淀。

（8）加入 1 mL 75% 乙醇（用 RNase-free ddH_2O 配制）洗涤沉淀。每使用

1 mL TRNzol Universal 试剂，至少用 1 mL 75%乙醇对沉淀进行洗涤。

(9) 4 ℃，10 000 r/min(～9 391 × g)离心 5 min。倒出液体，注意不要倒出沉淀，剩余的少量液体短暂离心，然后用枪头吸出，注意不要吸弃沉淀。

(10) 室温放置晾干(不要晾得过干，RNA 完全干燥后会很难溶解，晾 2～3 min 即可)，根据实验需要，加入 30～100 μL RNase-Free ddH_2O，反复吹打、混匀，充分溶解，在 − 80 ℃保存。

2. RNA 纯度测定和电泳检测

取 2 μL 提取的 RNA 溶液，于紫外分光光度计测定 RNA 浓度及 A_{260}/A_{280} 的相对吸光度，纯 RNA 的 A_{260}/A_{280} 的比值应在 1.8～2.2 范围。

电泳检测：1%琼脂糖，1 × TAE 缓冲液，90 V 电泳 30 min，凝胶成像系统观察，分析结果。

【结果分析】

根据凝胶成像系统，观察实验结果。

【注意事项】

(1) 匀浆后，加氯仿前，样品可在 − 70 ℃放置一个月。

(2) RNA 沉淀可以保存在 75%乙醇中，2～8 ℃一个星期以上或 − 20 ℃一年。

(3) 预防 RNase 污染，应注意以下几个方面：① 经常更换新手套。因为皮肤会带有细菌，可能导致 RNase 污染。② 使用 RNase-Free 的塑料制品和枪头避免交叉污染。③ RNA 在 TRNzol Universal 试剂中时不会被 RNase 降解。但提取后继续处理过程中应使用 RNase-Free 的塑料和玻璃器皿。玻璃器皿可 150 ℃烘烤 4 h，塑料器皿可在 0.5 mol/L NaOH 中浸泡 10 min，然后用水彻底清洗，再灭菌，即可去除 RNase。④ 配制溶液应使用 RNase-Free ddH_2O。将水加入到干净的玻璃瓶中，加入 DEPC 至终浓度 0.1%(V/V，放置过夜，高压灭菌)。

(4) DEPC 可能致癌，需要小心操作。

【复习思考】

(1) 提取 RNA 的过程中，为何要预防 RNase 污染？

(2) 为避免 RNA 提取过程中 RNA 的降解，可采取哪些方法？

(3) RNA 纯度测定，若 $A_{260}/A_{280} < 1.8$，可能有哪些原因？

实验十九　动物肝脏 DNA 的提取及含量测定

【目的要求】

(1) 掌握核酸分离提纯以及含量测定的方法。

(2) 熟悉核酸制备的实验原理。

(3) 了解核酸的性质及应用。

【临床意义】

核酸是由核苷酸聚合而成的生物大分子化合物，为生命的最基本物质之一。最早是由米歇尔于 1868 年在脓细胞中发现和分离出来的。核酸广泛存在于所有动物、植物细胞，微生物内。现已发现近 2 000 种遗传性疾病都和 DNA 结构有关。如人类镰刀形血红细胞贫血症是由于患者的血红蛋白分子中一个氨基酸的遗传密码发生了改变，白化病患者则是 DNA 分子上缺乏产生促黑色素生成的酪氨酸酶的基因所致。肿瘤的发生、病毒的感染、射线对机体的作用等都与核酸有关。20 世纪 70 年代以来兴起的遗传工程，使人们可用人工方法改组 DNA，从而有可能创造出新型的生物品种。如应用遗传工程方法已能使大肠杆菌产生胰岛素、干扰素等珍贵的生化药物。

【实验原理】

1. 组织 DNA 的分离、提取

动物组织细胞中的核糖核酸与脱氧核糖核酸大部分与蛋白质结合，以核蛋白形式存在。三氯醋酸能使核蛋白与其他蛋白质发生沉淀；用 95% 乙醇与沉淀共热时，可以去除沉淀中的脂溶性物质。核酸溶于 10% 氯化钠溶液而不溶于乙醇，故用 10% 氯化钠溶液从沉淀中抽提出核酸钠盐，在抽提液中加入乙醇可使核酸钠沉淀析出。

2. DNA 含量测定(二苯胺显色法)

通过测定戊糖的含量可以推算出 DNA 含量。在强酸条件下，DNA 水解产生

磷酸、嘌呤、嘧啶与脱氧核糖。脱氧核糖在酸性条件下脱水生成 ω-羰基-γ-酮基戊醛，它与二苯胺反应生成蓝色化合物，与同样处理的标准 DNA 比色，可求出样品中 DNA 的含量。

【实验器材】

(1) 新鲜家兔肝脏。

(2) 722N 型紫外可见分光光度计，电炉，铜锅，800B 离心机，小天平，小烧杯，滴管。

(3) 剪子，塑料离心管套，带胶塞的短滴管，木质试管夹，玻璃棒，研钵，研棒，10 mL 刻度离心管。

【实验试剂】

(1) 10%氯化钠溶液。

(2) 5%三氯醋酸溶液。

(3) 15%三氯醋酸溶液。

(4) 95%乙醇：易挥发，现配现用。

(5) 二苯胺试剂：量取 400 mL 冰醋酸，加入 11 mL 浓硫酸，制成母液。称取 4 g 二苯胺，加入到母液中，放置 12 h 溶解后使用。

【操作步骤】

1. 制备匀浆

取新鲜肝组织 4 g，用冰生理盐水清洗去除血水。放入研钵中，用剪刀剪碎，加入 15%三氯醋酸约 1 mL，充分研磨成肝匀浆。

2. 分离提取

(1) 将上述肝匀浆全部倒入 10 mL 离心管中，再以少量 15%三氯醋酸，分两次将研钵中的肝匀浆洗入离心管中，重复 3 次。最后加至 10 mL，用玻棒搅匀，静置 2～3 min 后离心 3 min(2 500 r/min)。

(2) 倾去上清液，往沉淀中加入 95%乙醇 5 mL，搅匀，再用带长玻璃管的塞子塞紧离心管口，在水浴中加热，沸腾 2 min，注意乙醇沸腾后将火力减小，避免突然沸腾喷出，损失离心管内样品。待冷却后离心 5 min(3 000 r/min)。

(3) 倾去上层乙醇液，将离心管倒置于滤纸上，洗干上清液，再向沉淀中加入 10%氯化钠溶液 4 mL，搅匀，置沸水浴中不断用玻璃棒搅拌，共加热 8 min，取出后离心 3 min(2 500 r/min)。

(4) 将上清液倒入另一洁净的离心管中，取等量 95%乙醇，逐滴加入该管内，混匀，可见白色沉淀逐渐析出，静置 10 min，离心 5 min(3 000 r/min)；倾去上清液，管底白色沉淀物即核酸钠。

3. 核酸水解

向有核酸钠沉淀的离心管中加入 5%三氯醋酸 5 mL，用玻璃棒搅匀，再用带长玻璃管的塞子塞紧管口，于沸水浴中加热 15 min，加 5%三氯醋酸至 10 mL 刻度处，即得核酸的水解液。

4. DNA 的测定

取 3 支试管，标号 1～3，按表 2.19.1 加入有关试剂。

表 2.19.1　DNA 的测定步骤　(单位：mL)

溶液名称	1	2	3
核酸水解液	2.0	—	—
DNA 标准液	—	2.0	—
蒸馏水	—	—	2.0
二苯胺试剂	4.0	4.0	4.0

将上述各管的试剂立即混匀，沸水浴中加热 15 min，取出冷却后，在 595 nm 波长处，以第 3 号管调零，测定第 1、2 号管的吸光度。DNA 含量的公式为

$$\text{DNA 含量}(\mu g/100\ mg\ \text{肝组织}) = \frac{OD_{\text{测定管}}}{OD_{\text{标准管}}} \times \text{标准管浓度}(mmol/L)$$

【结果分析】

影响实验结果准确性的因素，主要有：

(1) 肝脏研磨是否充分。

(2) 每一个步骤转移尽量完全，减少损失。

(3) 沸水浴加热时间充分，让反应完全。

(4) 离心时间充分。

(5) 试剂使用是否正常，操作过程是否无误。

上述任何一种因素的改变都可影响实验的结果。

【注意事项】

(1) 为尽可能避免 DNA 高分子的断裂，在实验过程中必须注意：① 研磨时上下用力，保持低温，研磨时间要短，勿用玻璃匀浆器。② 抽提时勿剧烈振摇。

(2) 保持 DNA 活性，避免酸、碱或其他变性因素使 DNA 变性。

(3) 有机溶剂对人体有害，操作时要注意，在配制和操作过程中要做好防护

措施。

【复习思考】

(1) 如样品中有蛋白质存在,其紫外线检测结果有何表现?如何进一步纯化?

(2) DNA 的定量分析可采用哪些方法?目前常用的是哪种?如何测定 DNA 的含量?

(3) 能引起 DNA 变性的因素有哪些?DNA 降解和 DNA 变性有何区别?如何鉴别?

参 考 文 献

[1] 安建平,王廷璞.生物化学与分子生物学实验技术教程[M].兰州:兰州大学出版社,2005.

[2] 骆亚萍.生物化学与分子生物学实验指导[M].长沙:中南大学出版社,2006.

[3] 李波,李凡成.生物化学与分子生物学实验教程[M].北京:人民军医出版社,2009.

[4] 王玉明.医学生物化学与分子生物学实验技术[M].北京:清华大学出版社,2011.

[5] 徐跃飞,孔英.生物化学与分子生物学实验技术[M].北京:科学出版社,2011.

[6] 查锡良,药立波.生物化学与分子生物学[M].北京:人民卫生出版社,2013.

[7] 徐岚,钱晖.生物化学与分子生物学实验教程[M].北京:科学出版社,2014.

[8] 张悦红,李林.生物化学与分子生物学实验指导[M].3版.北京:人民卫生出版社,2015.

[9] 欧芹,林雪松.生物化学与分子生物学实验教程[M].2版.北京:北京大学医学出版社,2015.

[10] 李凌.生物化学与分子生物学实验指导[M].2版.北京:人民军医出版社,2015.

[11] 唐炳华.生物化学[M].北京:中国中医药出版社,2017.

[12] 孔聪,柳春.生物化学与分子生物学实验教程[M].2版.北京:清华大学出版社,2017.